Aktuelle Probleme der Schizophrenie

P. König, T. Platz, H. Schubert (Hrsg.)

Band 1

Springer-Verlag Wien New York

Schizophrene erkennen, verstehen, behandeln

Beiträge aus Theorie und Praxis

G. Schönbeck, T. Platz (Hrsg.)

Springer-Verlag Wien New York

Univ.-Doz. Dr. P. König, Rankweil
Prim. Dr. T. Platz, Klagenfurt
Univ.-Prof. Dr. H. Schubert, Hall in Tirol

OA Dr. G. Schönbeck, Wien
Prim. Dr. T. Platz, Klagenfurt

Gedruckt auf säurefreiem Papier

Die Wiedergabe von Gebrauchsnamen, Handelsnamen, Warenbezeichnungen usw. in diesem Buch berechtigt auch ohne besondere Kennzeichnung nicht zu der Annahme, daß solche Namen im Sinne der Warenzeichen- und Markenschutz-Gesetzgebung als frei zu betrachten wären und daher von jedermann benutzt werden dürften.

Produkthaftung: Für Angaben über Dosierungsanweisungen und Applikationsformen kann vom Verlag keine Gewähr übernommen werden. Derartige Angaben müssen vom jeweiligen Anwender im Einzelfall anhand anderer Literaturstellen auf ihre Richtigkeit überprüft werden.

Mit 18 Abbildungen

Umschlagentwurf: Tino Erben, Wien

ISSN 0937-9339
ISBN-13:978-3-211-82208-1   e-ISBN-13:978-3-7091-9089-0
DOI: 10.1007/978-3-7091-9089-0

Geleitwort

Die Reihe „Aktuelle Probleme der Schizophrenie" präsentiert ab 1990 praktische Umsetzungen der neuesten wissenschaftlichen Ergebnisse der Schizophrenieforschung. In regelmäßig stattfindenden Workshops vermitteln Experten die Praxis moderner Techniken der Behandlung und des Managements der Schizophrenien; damit werden in der Fort- und Weiterbildung neue Wege beschritten.

Im Vordergrund steht die Anwendung dieses Wissens in der Arbeit an psychiatrischen Landeskrankenhäusern. Es sind gerade diese Zentren, die den praktischen Erfahrungsschatz mit akuten und chronisch schizophrenen Patienten anzubieten haben, da sie einen anderen Zugang zum psychisch Kranken als die Universitätskliniken bekommen. Durch die alltägliche Arbeit mit Patienten und ihren Angehörigen in ihrer Lebensproblematik ergibt sich eine differenzierte Sichtweise, zum Teil deutlich unterschieden von jener der Forschungseinrichtungen.

Die Psychiatriereform hat tiefgreifende qualitative und quantitative Umwälzungen gerade im Landesnervenkrankenhaus mit sich gebracht. Die Synthese von guter wissenschaftlicher Zusammenarbeit mit den Universitätskliniken und der großen sozialpsychiatrischen Versorgungsarbeit vor Ort ergibt neue Aspekte, die der Öffentlichkeit, vor allem aber den interessierten Fachleuten, Psychiatern und psychiatrischen Krankenpflegepersonen, Ergo- und Physikotherapeuten, Sozialarbeitern und anderen Berufsgruppen durch die Buchreihe „Aktuelle Probleme der Schizophrenie" zugänglich gemacht werden sollen.

Da dies nicht allein Aufgabe der Ärzte sein kann, muß der Teamgeist auch in der Fortbildung seinen Niederschlag finden: integraler Bestandteil der Workshops ist daher Mitwirkung und aktive Teilnahme von Pflegepersonal bzw. allen anderen mitarbeitenden Berufen.

P. König, T. Platz, H. Schubert

Vorwort

Der vorliegende erste Band der Reihe „Aktuelle Probleme der Schizophrenie" gründet auf zwei Seminaren mit sowohl Forschungs- als auch Fortbildungscharakter, welche in den Jahren 1987 und 1988 stattgefunden haben.

Das erste fand unter der Leitung von G. Schönbeck in Altmünster, Oberösterreich statt, und behandelte schwerpunktmäßig die Neuroleptikatherapie Schizophrener — wobei insbesondere die Möglichkeit einer Therapieoptimierung mit Hilfe der Bestimmung der Plasmaspiegelkonzentration des Medikaments zur Sprache kam. Dieses Instrument der Therapieverfeinerung stellt allerdings gewisse Anforderungen an den Therapeuten bezüglich Gestaltung der Psychopharmakatherapie und der Patientenevaluation; Gruppenarbeit mit praktischen Übungen ergänzte die theoretischen Ausführungen.

Das zweite Seminar fand unter Leitung von T. Platz in Klagenfurt statt. Dabei wurde erstmals in Österreich das „Integrierte Psychologische Therapieprogramm für schizophrene Patienten" vorgestellt, eine Therapieform, die in erster Linie dem Patienten helfen will, die Rückkehr in die Gemeinschaft zu bewältigen. Ursprünglich in den USA entwickelt, wurde dieses Therapieprogramm von Psychologen und Ärzten aus Bern und Münsterlingen im deutschsprachigen Raum weiterentwickelt und im Rahmen des Klagenfurter Seminars auch als Ausbildungskurs angeboten.

Gemeinsam war beiden Seminaren also ein jeweils praktisch-therapeutisch orientierter Schwerpunkt (Psychopharmakatherapie bzw. psychosoziale Therapie), welcher in einer Reihe von Vorträgen eingebettet war. Thematisch spannte sich hierbei ein weiter Bogen von der transkulturellen Forschung bis zur konkreten Versorgungsplanung im Bundesland Kärnten. Die durchwegs hohe Qualität der Präsentationen motivierte uns, diese auch einem größeren

Kreis zugänglich zu machen. Der Zugang zum Schizophrenen und seine Behandlung wurde aus unterschiedlichen Perspektiven kritisch beleuchtet; mögen letztlich die Betroffenen — die Patienten und ihre Angehörigen — von diesem Werk profitieren.

G. Schönbeck und T. Platz

Der Fa. Janssen Pharmaceutica Wien (Dr. Peter Dworak, Herr Roman Kiss) sei an dieser Stelle für weitsichtige und substantielle Förderung von Forschung und Fortbildung in der Psychatrie gedankt.

Inhaltsverzeichnis

Transkulturelle und epidemiologische Aspekte schizophrener Erkrankungen

H. Hinterhuber

Universitätsklinik für Psychiatrie, Innsbruck, Österreich

Zusammenfassung

Die transkulturelle Psychiatrieforschung ermöglicht es, wesentliche von unwesentlichen Merkmalen und universelle von Nebenaspekten zu unterscheiden. Die transkulturelle Psychiatrie kann die Basissymptome psychiatrischer Erkrankungen identifizieren, sie liefert Informationen über allgemein gültige Grundlagen der Persönlichkeitsentwicklung und trägt zur Entwicklung wirksamer therapeutischer und prophylaktischer Vorgangsweisen bei. Die transkulturelle Forschung hat gezeigt, daß Psychosen, einschließlich der Vielfalt ihrer Untergruppen, allgemein vorkommende menschliche Reaktionsweisen sind, welche die Grenzen aller Kulturen, Klimazonen und Menschenrassen überschreiten. Hinter all den verschiedenen Ausprägungen menschlichen Leides verbergen sich idente Grundstörungen. Die Einförmigkeit der Symptome in der Vielfalt der Kulturen legt einen naturwissenschaftlichen Ansatz in der Interpretation der psychischen Erkrankungen im allgemeinen sowie der Schizophrenie und der manisch-depressiven Krankheit im besonderen nahe. Die transkulturelle Psychiatrie, welche sich zu einer Grundwissenschaft der modernen Psychiatrie entwickelt hat, ist in der Lage, die Erkenntnisse der biologisch orientierten Forschung zu unterstützen.

Schlüsselwörter: Transkulturelle Psychiatrie, Epidemiologie, Schizophrenie, Persönlichkeitsentwicklung.

Summary

Transcultural and epidemiological aspects of schizophrenic disorders. Transcultural psychiatric studies enable us to distinguish the essential from the unessential and universal features from side issues. Transcultural psychiatry can identify fundamental symptoms of psychiatric illness, it provides information about general principles in the development of personality, and helps to develop effective therapeutic and prophylactic strategies. Transcultural research has demonstrated that psychosis, even the variety of its subgroups, is a general pattern of human reaction across all cultures, climatic zones, and human races. The fundamental disorders underlying the different manifestations of human emotional pain are identical. The uniformity of signs and symptoms in different cultures suggests a scientific approach to the interpretation of psychiatric illness in general and of schizophrenia and major mood disorders in particular. Transcultural psychiatry, which has become a fundamental part of modern psychiatry, is able to support the findings of scientific research with biological orientation.

Keywords: Transcultural psychiatry, epidemiology, schizophrenia, personality development.

1. Gedanken zur transkulturellen Psychiatrie

Historisch denken − schreibt Carl Friedrich von Weizsäcker [44] − heißt, den anderen Menschen, die andere Nation, die andere Zeit und Kultur von ihren Voraussetzungen her verstehen, nicht von den unseren aburteilen. Dieses historische Denken ist − immer nach Weizsäcker [44] − gemeinsam mit dem naturwissenschaftlichen Denken eine der beiden großen Schöpfungen der Neuzeit. Das historische Denken führte in der Psychiatrie zur transkulturellen Forschungsrichtung. Die transkulturelle Psychiatrie ist somit jenes Forschungsgebiet, das die Einflüsse kultureller Gegebenheiten auf die Entstehung und Ausprägung psychiatrischer Erkrankungen untersucht. Die transkulturelle Psychiatrie oder die Ethnopsychiatrie befaßt sich mit allen mit psychischer Gesundheit und Krankheit zusammenhängenden Erscheinungen in den verschiedenen Kulturkreisen.

Sie versucht durch inter- wie intrakulturelle (oder inter- und intraethnische) Vergleiche, dem Verständnis der Störungen des Erlebens und des Verhaltens näherzukommen, denn wie Wittgenstein schreibt: „Alles, was wir sehen, könnte auch anders sein.“

Im *interkulturellen Vergleich* werden (im Querschnitt) psychiatrische Erkrankungen verschiedener Großkulturen, Länder und Rassen einander gegenübergestellt.

Durch den *intrakulturellen Vergleich* können seelische Krankheiten in verschiedenen Sozialgruppen, Subkulturen oder religiösen Gruppierungen innerhalb einer Großkultur bzw. eines Landes oder einer Rasse untersucht werden.

Der *transkulturell-historische Vergleich* bedient sich der Längsschnittuntersuchungen innerhalb eines definierten Gebietes zu verschiedenen geschichtlichen Zeiten, um eventuelle Entstehungsbedingungen und Wandlungen *psychiatrischer* Syndrome festzustellen. Die transkulturelle Psychiatrie eröffnet dem Gesichtskreis des Betrachters die unterschiedlichen kulturellen Räume; es liegt ihr eine die Einzelkultur übergreifende Sicht- und Denkweise zugrunde. Aufgrund seiner eingehenden transkulturellen Studien konnte Pfeiffer [38, 39] mitteilen, daß sich psychisch Kranke, besonders Schizophrene, in den unterschiedlichen Nationen und Kulturkreisen sowie in verschiedenen klimatischen Zonen ähnlicher sind als gesunde Individuen der betreffenden Gebiete. Kraepelin [29] wies aber bereits auf die Tatsache hin, daß die „vergleichende Psychiatrie" nur dann einen Fortschritt zu erbringen in der Lage ist, wenn sie zwischen identifizierbaren Erkrankungen exakt unterscheiden könne.

Die moderne Psychiatrie ist weitgehend dem okzidentalen Denken, den westlichen Traditionen und Lebensgewohnheiten verpflichtet. Die gigantischen Migrationsströme unserer Zeit sowie die internationalen Verflechtungen zwingen zu einer vertieften Kenntnis außereuropäischer Kulturen, letztlich auch, um dem Auftrag einer differenzierten Analyse und Therapie von Verhaltensauffälligkeiten bei Angehörigen anderer Kulturen gerecht zu werden.

1.1. Der transkulturell-historische Vergleich

Die Möglichkeit, an Schizophrenie zu erkranken, besteht bereits in primordialen Kulturkreisen. Die im Rahmen der Schizophrenie gestörten Dimensionen der Ich-Vitalität, Aktivität, Konsistenz,

Demarkation und Identität scheinen auch beim Gruppen-, Familien-, Sippen- und Stammes-Ich vorzuliegen [40].

Waren Psychosen in der Vergangenheit, am Beginn unserer Geschichtsüberlieferung anders?

Die vermutlich älteste Beschreibung dessen, was wir heute durch Konventionen in den Formenkreisen der schizophrenen Psychosen einreihen, finden wir in der Ayurveda, die nach nicht unwidersprochener Meinung um 1000 v. Chr. in Indien geschrieben worden sein soll. Bereits dort, wie auch bei Hesekiel im Alten Testament und in den Berichten der Heilung von Besessenen im Neuen Testament, besonders bei Mk. 5, 1 und Mt. 8, 28, läßt sich die Kernsymptomatik schizophrenen Andersseins destillieren, wir finden Hinweise auf Denk-, Affekt- und Sprachstörungen sowie Veränderungen der Ich-Erlebnisweisen und Hinweise auf das Vorliegen von akustischen Halluzinationen. In der römischen Kaiserzeit erfolgte die Behandlung von Wahnerkrankungen wie von phasenhaften Depressionen durch elektrische Entladungen eines Zitteraales, den man in einem entsprechenden Bassin gegen den Schädel des Betroffenen lenkte. Scribonius Largus berichtete 46 n. Chr. auch über die Behandlung von Verstimmungszuständen mittels der elektrischen Ströme des Torpedofisches [15]. Die Stromstöße des Katzenfisches verwendeten im 16. Jahrhundert die Äthiopier, um aus Schizophrenen den Teufel auszutreiben. Schizophrene Symptome begegneten mir bei der Auswertung von knapp 100 Protokollaufzeichnungen verschiedener Inquisitionsprozesse des 15. bis 17. Jahrhunderts: Bei 20% der auswertbaren Fälle konnte unter Anwendung moderner Diagnosekriterien das Vorliegen einer Schizophrenie und bei einem gleichen Prozentsatz einer manisch-depressiven Erkrankung festgestellt werden.

Die transkulturell-historischen Vergleichsuntersuchungen können weitgehend identische Grundstörungen durch die Jahrtausende dokumentieren: Das schizophrene Achsensyndrom entspricht in den Literaturaufzeichnungen, die in das erste Jahrtausend v. Chr. zurückgehen, bis in Kleindetails den entsprechenden Erkrankungen unserer postindustriellen Zeit. Selbst die therapeutischen Anwendungen − in der Ayurveda erscheinen Hinweise auf Rauwolfia-Alkaloide − finden in der Gegenwart Korrelate.

1.2. Spezielle transkulturelle Psychiatrie

Versuchen wir nun, uns der Frage zu nähern, ob Psychosen in anderen Kulturkreisen der Gegenwart vorkommen, dort anders sind und anders verlaufen.

Die Weltgesundheitsorganisation entwickelte in der „International Pilot Study of Schizophrenia" (IPSS) erstmals ein wissenschaftliches transkulturelles Forschungsprojekt, das 1202 Patienten aus unterschiedlichen Kulturräumen und Wirtschaftssystemen in divergierenden Entwicklungsstufen in Asien, Nord- und Südamerika, Europa und Afrika umfaßte.

Ziel dieser Studie war, zu erforschen, ob schizophrene Störungen in verschiedenen Teilen der Welt vorkommen; weiters galt es, die Ähnlichkeiten und Verschiedenheiten zwischen den einzelnen Patienten zu identifizieren und den Verlauf und den Ausgang der Psychosen in Ländern unterschiedlicher Kultur und Tradition zu untersuchen.

Alle als schizophren erkannten und diagnostizierten Patienten wiesen in den verschiedenen Kulturräumen eine idente Basissymptomatik auf, wenngleich sich diskrete Unterschiede in der Symptomausprägung fanden. In allen Kontinenten war das Krankheitsbild gekennzeichnet durch Wahnideen, Beziehungs- und Affektstörungen, durch akustische Halluzinationen und das Gefühl, von äußeren Mächten kontrolliert zu werden. Die klinische Diagnose korrelierte in 87% der Fälle mit der computergestellten Catego-Diagnose.

Die katamnestische Erhebung nach zwei bzw. fünf Jahren konnte in allen untersuchten Ländern typische Verlaufsformen zeigen: Etwas mehr als ein Viertel erschienen nach einer akuten oder subakuten psychotischen Episode geheilt, bei wiederum einem Viertel bestanden Zeichen einer Chronifizierung, bei knapp der Hälfte ein schubförmiger Verlauf. Das Ausmaß der sozialen Integration war in den jeweiligen Ländern sehr unterschiedlich; in Nigeria, Indien und Kolumbien wiesen die Patienten eine deutlich bessere soziale Reintegrationsfähigkeit auf. Hochentwickelte Industrienationen boten ihren Patienten schlechtere berufliche Rehabilitationschancen. Auch längere Untersuchungszeiträume bestätigen, daß der Verlauf der schizophrenen Erkrankung von psychosozialen Faktoren geprägt wird. Kulturen, die einen geringen Leistungsdruck auf ihre Mitglieder ausüben, zeigen eine günstigere Langzeitprognose.

Auch die klassischen klinischen Untergruppen, die Schizophrenia simplex, die hebephrene, die katatone und die paranoide Form kommen in allen Kulturkreisen vor, jedoch in unterschiedlicher Häufigkeit. Die Häufigkeitsverteilung z. B. der Schizophrenia simplex ist stark gesellschaftsabhängig. In Kulturräumen, die sich mit geringen Arbeitsleistungen zufriedengeben, finden sich seltener Simplexfälle, da beim Fehlen eines strengen Arbeitsethos eine pathologisch begründete Indolenz nicht weiter auffällig erscheint.

Katatone Erstarrung ist im außereuropäischen Kulturbereich häufig und als Tendenz mancher Bevölkerungsgruppen aufzufassen, auf Streß mit massiver Regression zu antworten. Katatone Schizophrenien sind folglich in Afrika die größte schizophrene Untergruppe, während sie in Europa nur ca. 15% betragen. Auch in Indien und anderen asiatischen Ländern sind chronische katatone Zustandsbilder immer noch sehr häufig: Sozialer und emotionaler Rückzug sind, den Lehren des Hinduismus und des Buddhismus entsprechend, eine annehmbare Form des Reagierens auf existentielle Schwierigkeiten. Die Verteilung der Psychosen weist in Indien soziokulturelle Besonderheiten auf. Brahmanen, die die am meisten kultivierte und sozial und ökonomisch höchststehende Kaste darstellen, weisen bedeutend mehr Psychosen auf, als aufgrund ihres Anteiles an der Gesamtpopulation zu erwarten wäre.

Die europäisch-amerikanische Kultur und Zivilisation bringt im Vergleich zu den asiatischen Gesellschaftssystemen wesentlich mehr paranoide und weniger bland-anerge Formen der Schizophrenie hervor. Westliche Kulturen scheinen ihre Angehörigen eher zu dem Bestreben zu erziehen, ihr Erleben auch zu erklären und zu deuten. Wahnvorstellungen werden in den europäisch-amerikanischen Ländern reicher ausgestattet. Die westlichen Wahnvorstellungen fordern — allgemein ausgedrückt — mehr Phantasie als die anderer Kulturen.

In Äthiopien werden schizophrene Psychosen als Besessenheitszustände anerkannt und der besitznehmende Geist mit Vor- und Zunamen benannt, der schließlich auch eine Funktion in der Struktur der Großfamilie gewinnt, zu der auch der Geisterbeschwörer gezählt wird. Dadurch wird das bizarre psychotische Verhalten in den Augen der Gesellschaft legalisiert und ausbalanciert [32].

Wortneubildungen, Neologismen, sind im arabischen Raum aufgrund des Formenreichtums der arabischen Sprache seltener als in europäischen Ländern, paranoide Symptome aber häufiger. Außerhalb der Industrienationen sind die akuten Episoden dramatischer, turbulenter. Während in den entwickelten Ländern Katastrophenverläufe mit tödlichem Ausgang selten sind, sterben Kranke mit Stupor und Erregungszuständen in den Ländern der sogenannten Dritten Welt noch häufig. In allen Kulturräumen finden sich aber (nach Kurt Schneider) die für die Schizophrenie charakteristischen Symptome ersten Ranges.

Untersuchungen in den verschiedensten Staats- und Gesellschaftsformen Nord- und Südamerikas, Ost- und Westeuropas, im Mittleren Osten, in Afrika, Asien und Australien weisen darüber hinaus alle auf eine weitgehend konstante Zahl von schweren psychischen Erkrankungen, unabhängig von politischen Systemen und Wirtschaftsformen hin.

Eine Psychose ist die Resultante aus dem Zusammenwirken verschiedenster Faktoren: Die Kultur einer Region und einer Zeit definiert, welches Verhalten einerseits noch toleriert oder in einen magisch-mystischen Kontext gestellt werden kann oder was andererseits als Geisteskrankheit anzusehen ist. Die Kultur schreibt auch vor, wie die Mitglieder auf deviantes Verhalten zu reagieren hätten. Diese Reaktion formt wiederum den weiteren Verlauf der Geisteserkrankungen.

Die Ausgestaltung der Wahnformen ist abhängig von Überzeugungen, Traditionen, Mythologien und religiösen Inhalten der betreffenden Bevölkerung. Darüber hinaus wird der Wahn vom Lebensalter, der Schulbildung, vom tradierten magisch-mystischen Denken und der kulturell begründeten Notwendigkeit einer rationalistischen Erklärung des Erlebens geprägt. Im Rahmen unserer Innsbrucker Langzeituntersuchung wurden alle 1930 erstmals aufgenommenen schizophren Erkrankten eingehend psychiatrisch untersucht [24]. Vergleicht man die zum Zeitpunkt der Aufnahme bestehende Symptomatik mit jener der in den achtziger Jahren erstmalig Aufgenommenen, fällt eine deutliche Abnahme von magisch-metaphysischen Wahninhalten auf. Häufig sind heute physikalische Beeinträchtigungsideen und Verfolgungsgedanken durch Menschen, Mächte und Institutionen. Es spiegelt sich somit das Überwiegen des szientistischen und technologischen Denkstils. Schon Max Weber hat darauf hingewiesen, daß die abendländische Gegenwart im Zeichen einer Rationalisierung des gesamten Daseins steht. Der Mensch wird immer weniger von der Tradition und immer mehr von der Organisation geprägt. Auch wenn keine Gesellschaft und keine Kultur frei von psychotischen Erkrankungen ist (Jablensky), variiert deren Häufigkeit in beträchtlichen Schwankungsbreiten.

2. Epidemiologie schizophrener Erkrankungen

Der Gedanke, Krankheiten nicht nur als isoliertes Phänomen eines einzelnen Menschen zu interpretieren, sondern diese als Gruppenerscheinungen ganzer Populationen aufzufassen, führte seit Anfang der fünfziger Jahre weltweit zu einem neuen, systematischen Forschungsansatz in der Psychiatrie, dessen zentrales Konzept im Vergleich der unterschiedlichen Krankheitsraten in unterschiedlichen geographischen und sozialen Bedingungskonstellationen begründet liegt.

Das Ziel der epidemiologischen Forschungsrichtung ist folglich, durch geeignete Meßmethoden, die aus der allgemeinen Epidemiologie stammen, die Häufigkeit und das Neuauftreten, die Prävalenz und die Inzidenz psychiatrischer Störungen trotz der fließenden Grenzen zum Normalverhalten zuverlässig und gültig festzusetzen.

Die Ergebnisse sind primär als Basisdaten für verbesserte Behandlungs- und Versorgungsangebote zu verstehen. Darüber hinaus erlauben sie Rückschlüsse auf die Entstehung, die Auslösung, den Verlauf und die sozialen Folgen psychiatrischer Erkrankungen. Der moderne epidemiologische Ansatz baut auf einem Ursachenmodell psychiatrischer Erkrankungen auf, das sowohl biologische wie auch genetische und soziale Faktoren berücksichtigt.

Voraussetzung und Grundlage der Prävalenz- und Inzidenzuntersuchungen ist eine exakte Definition der der Untersuchung zugrunde liegenden psychopathologischen Begriffe, um eine Vergleichbarkeit der Daten zu ermöglichen.

Divergierende nosologische Kriterien, uneinheitliche Prinzipien in der Klassifikation und methodologische Vielfalt bedingen die Schwäche der epidemiologischen Forschungsrichtung: Heute schränken noch unterschiedliche Kriterien der Falldefinition und der Fallidentifikation sowie die fehlende Einheitlichkeit in der Einschätzung des Ausmaßes der Erkrankung die Aussage epidemiologischer Forschung in weiten Bereichen ein.

Die Diagnose einer Schizophrenie geschieht innerhalb eines kulturellen Bezugsrahmens: Die Falldefinition und die Fallfindung hängen auch mit den kulturellen Besonderheiten einer Region zusammen. Die Problematik der epidemiologischen Forschungen, besonders im Bereich schizophrener Erkrankungen, liegt einerseits in der erwähnten uneinheitlichen Diagnostik begründet, andererseits in der Tatsache, daß sich die Untersuchungen häufig auf jenen kleineren Teil der Erkrankten bezogen haben, der in fachpsychiatrische stationäre oder ambulante Behandlung gelangte und in einem therapeutischen Setting verblieb, solange die Krankheit anhielt bzw. diese das soziale Gefüge stärker beeinträchtigte.

Viele ältere Studien basieren auf Inanspruchnahmepopulationen, also auf der Gesamtzahl der behandelten schizophrenen Patienten einer definierten Bevölkerung oder einer Stichprobe zu einer bestimmten Zeit oder während eines bestimmten Zeitraumes.

Solche Statistiken sind leicht verfügbar, sind aber mit Zurückhaltung zu bewerten: Bauer [2] verglich diese Teilgruppe mit der über der Wasseroberfläche liegenden Spitze des „Eisberges der Gesamtpopulation". Auch E. Bleuler bezeichnete die „latente Schizophrenie" als die häufigste, jedoch nicht diagnostizierte, Form der schizophrenen Erkrankungen.

Demgegenüber glaubten Mechanic [33], Ødegård [37] und Böker und Häfner [4], daß bei Erkrankungen von der Art und Schwere der Schizophrenie die Konsultations- und Hospitalisierungsinzidenz bzw. Prävalenz als repräsentativer Index die „wahre" Inzidenz bzw. Prävalenz widerspiegeln würde. In der Samsø-Bevölkerung fanden Nielsen und Nielsen [36], daß Schizophrenie zu 100% den psychiatrischen Institutionen bekannt gewesen sei. Auch Ødegård [37] schloß sich dieser Aussage an, bezifferte jedoch 1972 den Anteil der hospitalisierten Schizophrenen nur noch mit 72%.

Demgegenüber fand Bremer [6] in der nordnorwegischen Population, daß nur ein Drittel der Psychosen jemals hospitalisiert wurde. Strömgren [42] bezeichnete in Bornholm die Zahl der nie in ein Krankenhaus aufgenommenen Psychosen mit 15%, Fremming [14] mit 25%. In Island wurden nur 34% je in ein psychiatrisches Krankenhaus aufgenommen, 22% wurden in anderen Krankenhäusern registriert.

In unserer epidemiologischen Felduntersuchung [24, 25], die die Lebenszeitprävalenz erfaßte, fanden wir in dem von uns untersuchten Alpental, daß zwei Drittel der Schizophrenen in ambulanter fachärztlicher Behandlung standen bzw. stehen. Eine stationäre Therapie nahmen jedoch nur 52,6% in Anspruch.

Diese Aussagen relativieren auch die Wertigkeit der nationalen oder regionalen Fallregister.

Die wahre Prävalenz kann nur durch sehr aufwendige Bevölkerungsuntersuchung im Sinne der epidemiologischen Feldstudien erzielt werden. Diese Prämissen erklären die große Bandbreite der in der Literatur mitgeteilten Prävalenz. bzw. Inzidenzraten.

In einem skandinavischen Isolat fand Böök [5] eine Prävalenz von 1,7%. Dieser Wert deckt sich mit den von uns gefundenen Raten im bereits genannten Tiroler Alpental, wo die Lebenszeit-Prävalenz, bezogen auf die über 15jährigen Einwohner, 1,4% betrug; bezogen auf die gesamte Einwohnerschaft beträgt der Wert 0,88% [24]. Im nördlichen Jugoslawien fand Crocetti [8] in einer ebenfalls methodisch korrekt angelegten Untersuchung eine Prävalenz von 0,7%, bei einer späteren Nachuntersuchung fand der genannte Autor einen doppelt so hohen Wert.

Bland [3] fand eine Perioden-Prävalenz von 0,8% für Kanada, Babigian [1] für Rochester 0,47%.

Obwohl der Schizophreniebegriff in den Vereinigten Staaten weiter als in Europa gefaßt wird, liegen die Lebenszeit-Prävalenz-Zahlen auch in Skandinavien im vergleichbaren Bereich: Essen-Möller [13] und Hagnell [19] teilten Werte von 0,67 und 0,45%.

Während Halevi [20] für Israel eine Schizophrenie-Prävalenz von 1,2% und Fremming [14] für die seßhafte Bevölkerung von Bornholm in Schweden eine Krankheitserwartung von 1,6% mitteilen, beziffern Wing und Bransby [46], Kramer und Tauber [30] sowie Häfner [12] eine Stichtagsprävalenz zwischen 0,25 und 0,33%.

Die administrative Prävalenz variiert in Korrelation zur Effizienz und Akzeptanz des Dienstes. Im Monroe-Case-Register machen Schizophrene 10% aller eingetragenen Patienten aus [17], im Südtiroler Fallregister [25] 13%. Die Tatsache, daß ein großer Teil von schizophrenen Erkrankten schwer Zugang zu den psychiatrischen Betreuungsinstitutionen findet, erklärt die divergierenden Prävalenzzahlen in vielen epidemiologischen Arbeiten: Huber et al. [28] geben ein Lebenszeitrisiko von 0,8 bis 1% an, T. Helgason [23] berichtet Werte von 0,69% für Männer und 1,02% für Frauen, L. Helgason [22] von 0,5%.

Die Inzidenzrate, also die Anzahl neuer Krankheitsfälle pro Jahr, bezogen auf 100 000 Einwohner der betreffenden Population, schwankt ebenfalls aufgrund der unterschiedlichen Akzeptanz der der Bevölkerung zugänglichen therapeutischen Einrichtungen.

In den Studien von Bland [3] und Babigian [1] fand sich eine Inzidenzrate für behandelte Schizophrene von 27 bwz. 68 pro 100 000 Einwohner.

Eine von uns in einem Südtiroler Bezirk durchgeführte psychiatrische Erhebung, die sich über zehn Jahre erstreckte, brachte für schizophrene Psychosen eine Neuerkrankungszahl für die deutsche Sprachgruppe von 75,5, für die italienische von 34,3 pro 100 000 Einwohner und Jahr. Für dieses unterschiedliche Verteilungsmuster von Schizophrenie in der Südtiroler Gesellschaft könnten verschiedene selektive Sozialkräfte als Ursachen gelten. Eine Einwanderungsbevölkerung scheint – im Unterschied zu Flüchtlingen – psychopathologisch weniger belastet zu sein. In der kul-

turhistorisch und anthropologisch hochinteressanten Religionsge-
meinschaft der Hutterischen Brüder, jener vorwiegend aus Tirol
stammenden christlich-anabaptistischen Gemeinde im Norden
Amerikas, fand sich andererseits jedoch eine sehr niedrige Schi-
zophreniehäufigkeit, die um den Faktor 8 geringer als in den um-
gebenden Gebieten ist.

Psychiatrische Aufnahmeregister spiegeln deutlich niedrigere
Werte wider: Munk-Jörgensen [34] berichtet ein Rate von 8,5 auf
100 000, diesmal jedoch erwachsene Einwohner; 1970 fand er noch
12,6 auf 100 000. Die entsprechenden Werte lagen in Schottland
1978 bei 11,8, in New South Wales (Australien) bei 22 auf 100 000.

3. Werden psychiatrische Erkrankungen häufiger, nehmen schizophrene Psychosen zu?

Chronisch psychisch Kranke bevölkern in zunehmendem Maße
ärztliche Praxen, Beratungsstellen und Ambulatorien. Bestehen
Hinweise auf eine altersunabhängige Veränderung des Erkrankungsrisikos bei den schizophrenen Psychosen?

In der Öffentlichkeit besteht der Eindruck, die Häufigkeit psychiatrischer Erkrankungen hätte — in Abhängigkeit der sozioökonomischen Veränderungen — zugenommen.

Diese Ansicht basiert auf der massiven Frequenzzunahme der
ärztlichen, psychiatrischen, psychologischen, sozialpsychiatrischen
Praxen sowie auf der beunruhigend starken Zunahme von para-
psychologischen Hilfsangeboten. Nach Häfner [18] ist ein weiterer
Grund eines vermeintlichen Anstieges psychiatrischer Erkrankungen auch im „Umschlag vom sozialhygienischen Optimismus der
Gründerjahre zum Gesellschaftspessimismus der Gegenwart" zu
suchen.

Bei den Schizophrenien scheint aber das Erkrankungsrisiko in
den letzten Jahrzehnten — im Unterschied zu den beträchtlichen
Häufigkeitsschwankungen bei psychosomatischen Erkrankungen
sowie bei abweichendem Verhalten — unverändert zu sein.

Goldhamer und Marshall [16] untersuchten die Erstaufnah-
meraten für „Psychosen des frühen und mittleren Erwachsenenal-

ters" im Zeitraum zwischen 1840 und 1885 einerseits und ab 1940 andererseits. Obwohl die Erstaufnahmsraten von ca. 40 pro 100 000 auf ca. 70 pro 100 000 anstiegen — besonders zwischen 1840 und 1885 —, konnten die Autoren bei Berücksichtigung der Altersvariablen und bei Berechnung der Raten auf der Grundlage der 20- bis 29jährigen Bevölkerungsanteile mitteilen, daß ein Anstieg des Erkrankungsrisikos nicht nachweisbar sei. Dunham [11] konnte diese Ergebnisse durch eine Analyse der Erstaufnahmedaten für schizophrene Psychosen in psychiatrische Krankenanstalten von sieben Staaten der USA zwischen 1910 und 1950 bestätigen.

Eine besonders aussagekräftige Studie liegt von Krupinsky [31] und Alexander vor, die sich anhand der psychiatrischen Krankenhausaufnahmen im Staate Viktoria (Australien) besonders der Diagnosedefinition widmeten. Wenngleich im Zeitraum zwischen 1848 und 1978 die schizophrenen Psychosen von 25 auf 80% der Aufnahmszahlen anstiegen, ergibt sich bei Analyse der Krankengeschichten nach DSM-III-Kriterien ein stabiler Verlauf der Aufnahmeraten für Schizophrenie über 130 Jahre.

Erwähnenswert ist, daß in Australien nicht wie in Europa am Ende des letzten Jahrhunderts ein gewaltiger Ausbau der stationären psychiatrischen Krankenversorgung erfolgte: Während der Gründerjahre trat bei uns ein Wandel der psychiatrischen Betreuung von der Laienpflege zur institutionellen Versorgung ein. In Mitteleuropa stieg im Zeitraum zwischen 1881 und 1910 die Bettenkapazität der psychiatrischen Krankenanstalten um das Vierfache an. Daraus wurde ein enormer Anstieg psychiatrischer Morbidität (Reichardt) angenommen. Dieser Fehlschluß, den auch K. Ernst [12] durch seinen Bericht einer Feldstudie im Kanton Fribourg aus dem Jahr 1875 nachweisen konnte, wirkte sich bis in die schaudererregende NS-Gesetzgebung zur Vernichtung lebensunwerten Lebens aus.

Auch Astrup konnte in einer Studie anhand des norwegischen Fallregisters nachweisen, daß die alterskorrigierten Inzidenzraten für Schizophrenie über mehr als ein halbes Jahrhundert nur geringfügigen Schwankungen unterlegen sind. Damit ließ sich auch für Norwegen — wie durch die Studie von Krupinsky und

Alexander für Australien — nachweisen, daß das wahre Erkrankungsrisiko für schizophrene Psychosen in unserem Jahrhundert — trotz der gewaltigen sozialmedizinischen und sozioökonomischen Veränderungen — unverändert geblieben ist.

4. Schlußfolgerungen

Als Ergebnis der transkulturellen und epidemiologischen Forschung kann für die schizophrenen Psychosen festgehalten werden, daß die kulturellen Traditionen wohl den Inhalt, nicht aber die Form einer psychotischen Erkrankung bestimmen können. Auch zeigt sich, daß die soziale Klasse keinen ätiologischen Faktor für die Entwicklung der Schizophrenie darstellt. Die Industrialisierung führte im letzten Jahrhundert nicht zu einer Zunahme von Psychosen in den zentralen Altersgruppen. Auch konnte kein sozialpsychologischer Faktor gefunden werden, der eine determinierende Rolle in der Entwicklung der Schizophrenie spielen würde. Ein psychotischer Zusammenbruch tritt in allen Kulturen jedoch dann auf, wenn Anforderungen an eine genetisch belastete Person herangetragen werden, die größer sind als seine Fähigkeit, mit diesen Problemen zurechtzukommen [11].

In allen Kulturen, in allen Ländern und bei allen Rassen stehen die primären Krankheitssymptome (primäre Pathoplastik) im Vordergrund. Die soziokulturell determinierte Erscheinungsform (sekundäre Pathoplastik) variiert in den einzelnen Regionen, sie ist jedoch für die Diagnose einer Schizophrenie von geringer Relevanz. Durch die transkulturelle und epidemiologische Psychiatrie ist deutlich geworden, daß Psychosen, selbst die verschiedenen Unterformen, allgemein vorkommende menschliche Reaktionsweisen sind, welche alle räumlichen und historischen Begrenzungen überschreiten. Hinter all den verschiedenen Ausprägungen menschlichen Leidens verbergen sich idente Grundstörungen. Die Einförmigkeit der Symptome in der Vielfalt der Kulturen legt eine naturwissenschaftliche Interpretation der psychischen Erkrankungen, der Schizophrenie und der manisch-depressiven Krankheit nahe. Die transkulturelle Psychiatrie ist somit eine Grundlagenwissenschaft der modernen Psychiatrie, die die Erkenntnisse der biologisch orientierten Forschungsrichtungen zu unterstützen in der Lage ist.

Literatur

1. Babigian HM (1980) Schizophrenia: epidemiology. In: Kaplan HJ (ed) Comprehensive textbook of psychiatry, 3rd edn. William & Wilkins, Baltimore, pp 1113−1121
2. Bauer M (1977) Sektorisierte Psychiatrie im Rahmen einer Universitätsklinik. Anspruch, Wirklichkeit und praktische Erfahrungen. Enke, Stuttgart
3. Bland RC (1984) Long term mental illness in Canada: an epidemiological perspective on schizophrenia and affective disorder. Can J Psychiatry 29: 242−246
4. Böker W, Häfner H (1973) Gewalttaten Geistesgestörter. Eine epidemiologische Studie. Springer, Berlin Heidelberg New York
5. Böök AJ (1953) A genetic and neuropsychiatric investigation of a North-Swedish population. Acta Genet 4: 1
6. Bremer J (1951) A social psychiatric investigation of a small community in Northern Norway. Acta Psychiatr Neurol Scand [Suppl] 62: 1−166
7. Carpenter WT Jr, Strauss JS (1974) Cross-cultural evaluation of Schneider's first rank symptoms of schizophrenia: a report from the international pilot study of schizophrenia. Am J Psychiatry 131: 682−687
8. Crocetti GM, Kulzar Z, Resic B, Lemkau PV (1971) Selected aspects of the epidemiology of psychoses in Croatia, Yugoslavia, III. The clustar sample and results of the pilot survey. Am J Epidemiol 94: 126−134
9. De Reuck AVS, Porter R (eds) (1965) Transcultural psychiatry. Little Brown, Boston
10. De Reuck AVS, Porter R (eds) (1983) Schneider's first rank symptoms of schizophrenia in Kenyan patients. Acta Psychiatr Scand 67: 148−153
11. Dunham HW (1977) Schizophrenia: the impact of sociocultural factors. Hosp Pract 12: 61
12. Ernst K (1959) Die Prognose der Neurosen. Springer, Berlin Göttingen Heidelberg
13. Essen-Möller E (1977) Evidence for polygenic inheritance in schizophrenia? Acta Psychiatr Scand 55: 202−207
14. Fremming KH (1951) The expectation of mental infirmity in a sample of Danish population. Cassel & Co, London (Occ Papers on eugenics no 7, Eugenics Society)

15. Geretsegger Ch (1986) Elektrokonvulsionstherapie. Fortschr Neurol Psychiatr 54: 139–153
16. Goldhamer H, Marshall AW (1949) The frequency of mental disease: long-range trends and present status. The Rand Corp, New York
17. Guggenheim F, Babigian HM (1974) Catatonic-schizophrenia: epidemiology and clinical course. J Nerv Ment Dis 158: 291
18. Häfner H (1985) Sind psychische Krankheiten häufiger geworden? Nervenarzt 56: 120–133
19. Hagnell U, Rorsman B (1978) Suicide and enogeneus depression with somatic symptoms in the Lundby study. Neuropsychobiology 4: 180
20. Halevi HS (1963) Frequency of mental illness among Jews in Israel. Int J Soc Psychiatry 9: 268
21. Heinrich K (1984) Öffentlichkeit und „reine Lehre" in der Psychiatriegeschichte. In: Jahres- und Tagungsbericht der Görresgesellschaft 1984
22. Helgason L (1977) Psychiatric services and mental illness in Iceland. Acta Psychiatr Scand [Suppl 268]: 1–140
23. Helgason T (1964) Epidemiology of mental disorders in Iceland. Acta Psychiatr Scand [Suppl 173]
24. Hinterhuber H (1983) Epidemiologie psychiatrischer Krankheiten in einer alpinen Region. Neuropsychiatr Klin 2: 189–199
25. Hinterhuber H (1982) Epidemiologie psychiatrischer Erkrankungen. Enke, Stuttgart
26. Hinterhuber H (1986) Zur Lage der Psychiatrie in Itaien. Abstractbook AEP-Symposium, Straßburg
27. Hinterhuber H (1982) Das Tal Lüsen: eine bevölkerungsgeographische und soziologische Untersuchung. Der Schlern 55: 235–258
28. Huber G, Gross G, Schüttler R (1979) Schizophrenie. Springer, Berlin Heidelberg New York
29. Kraepelin E (1904) Zentralblatt für Nervenheilkunde und Psychiatrie 28 (neue Folge 15): 433–437
30. Kramer M, Tauber CA (1973) The role of a national statistic program in the planning of community psychiatric services. In: Wing JK, Häfner H (eds) Roots of evaluation. Oxford University Press, London
31. Krupinsky J (1976) Confronting theory with data: the case of suicide drugabuse and mental illness in Australia. Australian and New-Zealand J of Sociology 12: 91
32. Lenz H (1964) Vergleichende Psychiatrie. Maudrich, Wien
33. Mechanic D (1970) Problems and prospects in psychiatric epidemiology. In: Hare EH, Wing JK (eds) Psychiatric epidemiology. Oxford University Press, London
34. Munk-Jorgensen P (1986) Decreasing first admission rates of schizophrenia among males in Denmark from 1970–1984. Changing diagnostic patterns? Acta Psychiatr Scand 73: 645–650

35. Ndetei DM, Singh A (1983) Hallucinations in Kenyan patients. Acta Psychiatr Scand 67: 144 – 147
36. Nielsen J, Nielsen JA (1977) A consensus study of mental illness in Samsö. Psychol Med 7: 491 – 503
37. Ødegård O (1971) Hospitalized psychoses in Norway: time trends 1926 – 1965. Soc Psychiatry 6: 53 – 58
38. Pfeiffer WM (1967) Psychiatrische Besonderheiten Indonesiens. In: Beiträge zur vergleichenden Psychiatrie (Bibliotheca psychiatrica et neurologica 132, Karger, Basel New York)
39. Pfeiffer WM, Schoene W (Hrsg) (1980) Psychopathologie im Kulturvergleich. Enke, Stuttgart
40. Scharfetter Ch (1986) Schizophrene Menschen (mit einem Geleitwort von Prof. Dr. M. Bleuler), 2. neubearbeitete Auflage. Urban & Schwarzenberg, München Weinheim
41. Schipkowensky N (1974) Die Antipsychiatrie in Vergangenheit und Gegenwart. Fortschr Neurol Psychiatr 42: 291 – 311
42. Strömgren E, Dupont A, Nielsen JA (eds) (1980) Epidemiological research as basis for the organization of extramural psychiatry. Acta Psychiatr Scand [Suppl 285]
43. Torrey EF (1981) The epidemiology of paranoid schizophrenia. Schizophr Bull 7: 588–593
44. Weizsäcker CF von (1963) Die Verantwortung der Wissenschaft im Atomzeitalter, 4. Aufl. Vandenhoeck & Rupprecht, Göttingen
45. Wing JK, Cooper JE, Sartorius N (1974) The description and classification of psychiatric symptoms. Cambridge University Press, London
46. Wing JK, Bransby ER (eds) (1970) Psychiatric case registers. DHSS Nr 8, HMSO London

Anschrift des Verfassers: Prof. Dr. H. Hinterhuber, Universitätsklinik für Psychiatrie, Anichstraße 35, A-6020 Innsbruck, Österreich.

Operationalisierte Diagnostik der Schizophrenie

G. Lenz

Psychiatrische Universitätsklinik Wien, Österreich

Zusammenfassung

Die mangelnde Reliabilität in der psychiatrischen Diagnostik führte zur Aufstellung operationalisierter Diagnosekriterien mit klar definierten Ein- und Ausschlußmerkmalen. Die große Zahl rivalisierender Definitionen wirft allerdings die Frage nach der Validität der Kriterien auf. Die Forschungsarbeiten hierzu sind noch ungenügend, aufgrund der bisherigen Ergebnisse der Validierung diagnostischer Kriterien am Verlauf, Familienbild, Therapieansprechbarkeit bzw. Beziehung zur biologischen Variablen ist es noch nicht möglich, einem bestimmten diagnostischen System den Vorzug zu geben.

Schlüsselwörter: Diagnostische Kriterien, St.-Louis-Kriterien, RDC-Kriterien, DSM-III, DSM-III-R, Wiener Forschungskriterien, Schizophrenie, Polydiagnostischer Ansatz.

Summary

Operationalized diagnostic criteria for schizophrenia. Because of lack of reliability in psychiatric diagnosis operationalized diagnostic criteria with well defined inclusion and exclusion criteria have been established. With increasing number of definitions the question of validity emerges. Research has not been sufficient in this respect until now, the results of validation of diagnostic criteria on course, family-history, therapy response or biological variables are not conclusive enough to prefer definitely one of the diagnostic systems.

Keywords: Diagnostic criteria, St. Louis criteria, RDC-criteria, DSM-III, DSM-III-R, Viennese research criteria, schizophrenia, polydiagnostic approach.

1. Einleitung

Anders als in der somatischen Medizin wurde der Wert der Diagnose in der Psychiatrie immer wieder in Frage gestellt. Als Argumente galten neben anderen nicht nur, daß die therapeutischen und prognostischen Folgerungen, die sich aus der psychiatrischen Diagnose ergeben, verhältnismäßig geringer als in der somatischen Medizin wären, sonder auch die mangelnde Übereinstimmung der Psychiater untereinander in bezug auf die Art der Diagnose beim einzelnen Patienten. Erst in den letzten 40 Jahren wurde die Bedeutung dieser mangelnden Reliabilität psychiatrischer Diagnosen erkannt und eine systematische Messung versucht.

2. Die Reliabilität psychiatrischer Diagnosen

In einer Nachuntersuchung an einer Gruppe von 100 stationären Patienten einer Universitätsklinik in Chicago [20] zeigte sich, daß nach einem Jahr in mehr als 40% der Fälle die Diagnose wesentlich korrigiert werden mußte; außerdem wies die Mehrzahl der Patienten sowohl bei der Erstuntersuchung als auch bei der Nachuntersuchung Symptome auf, die mehr als einer diagnostischen Kategorie zugeordnet werden konnten.

In einer anderen Studie [7] zeigte sich, daß der Anteil der Patienten, die in verschiedenen Staaten der USA und in verschiedenen Krankenhäusern innerhalb eines einzigen Staates den einzelnen Untergruppen der Schizophrenie zugeordnete wurden, um einen Faktor variierte, der bis zum Zehnfachen ging. In Massachusetts waren 30% der Schizophrenen kataton, in Illinois jedoch nur 2,7%. In Illinois waren in einem Spital 76% der Schizophrenen hebephren, in einem anderen aber nur 11% usw.

In einer der wichtigsten Studien zur Reliabilität psychiatrischer Diagnosen wurden 153 ambulante Patienten von jeweils zwei Psychiatern in getrennten Sitzungen innerhalb des gleichen Tages untersucht [4], wobei zur Beurteilung das DSM-I [1], ergänzt durch einige Arbeitsdefinitionen, die man während der Vorbesprechungen festgelegt hatte, herangezogen wurde.

Die Untersucher kamen zu einer 54%igen Übereinstimmung bei

der spezifischen Diagnose, wobei als wichtiger Bestandteil dieser Studie auch die Gründe für mangelnde Übereinstimmung untersucht wurden:

Die Autoren kamen zu dem Schluß, daß nur 5% der Unstimmigkeiten auf eine Inkonstanz von seiten des Patienten zurückzuführen waren, weil dieser entweder dem einen der beiden Untersucher Informationen vorenthalten oder bei der zweiten Untersuchung andere Auskünfte gegeben hatte.

Inkonstanz von seiten des Untersuchers war für 32,5% der mangelnden Übereinstimmung verantwortlich: Hier spielten Unterschiede in der Interviewtechnik sowie Unterschiede in der Einschätzung der diagnostischen Wichtigkeit von Symptomen, die beide als vorhanden betrachtet hatten, eine wesentliche Rolle.

Als Hauptursache (62,5%) für die mangelnde Übereinstimmung erwies sich aber die Unzulänglichkeit der von den Untersuchern gebrauchten Nomenklatur.

Aufgrund einer Zusammenfassung [15] verschiedenster Studien ergeben sich im allgemeinen bei organischen Störungen höhere Übereinstimmungsquoten als bei solchen ohne nachweisbare organische Grundlagen und bei Psychosen höhere als bei Neurosen oder abnormen Persönlichkeiten. Dies bedeutet, daß die Gesamtreliabilität je nach der diagnostischen Zusammensetzung der untersuchten Gruppe beträchtlich variiert und daß Gruppen von hospitalisierten Patienten mit ihrem relativ hohen Anteil an Psychosen im allgemeinen höhere Übereinstimmungsquoten aufweisen als Gruppen ambulanter Patienten, bei denen sich vorwiegend neurotische Störungen finden.

Aus den zahlreichen Reliabilitätsstudien hatte nun vor allem die Philadelphia-Studie [4] mit ihrer Untersuchung über die Ursachen der mangelnden Reliabilität weitreichende Konsequenzen für die psychiatrische Diagnostik.

Um die Inkonstanz von seiten des Untersuchers zu verringern, wurden standardisierte Interview-Instrumente wie die Present-State-Examination [24] oder das Schedule for Affective Disorders and Schizophrenia (SADS) [10] entwickelt; um eine bessere Übereinstimmung bei der Nomenklatur zu erreichen, wurden schließlich operationalisierte Diagnosekriterien erarbeitet, die zum Unterschied von den bisherigen vagen Definitionen klare Ein- und Ausschlußkriterien für bestimmte Symptome enthielten.

3. Die Entwicklung operationalisierter Diagnosekriterien für Schizophrenie

Von operationalisierter Diagnostik wird heute dann gesprochen, wenn im diagnostischen Prozeß eine logische Regel formuliert wird, d. h. ein Algorithmus, der vorschreibt, welche Symptome bzw. Merkmale vorhanden sein dürfen, wenn man einen Patienten einer bestimmten diagnostischen Kategorie zuordnen will.

Diese Verwendung des Begriffes entspricht nicht seiner ursprünglichen Bedeutung [14], in der nämlich unter „Operationen" tatsächliche Handlungen der Beobachtung und des Messens verstanden wurden.

Für die psychiatrische Diagnostik können vier Ebenen der Operationalisierung unterschieden werden [14]:

1. Erstellung von Algorithmen.
2. Genaue Definition der einzelnen Merkmale, die zu Algorithmen verknüpft werden.
3. Standardisierte psychiatrische Interviews (damit können die Operationen angegeben werden, mit denen Merkmale erfaßt werden).
4. Einschulung für die Anwendung standardisierter Erhebungsinstrumente.

Der folgende Beitrag wird sich nur auf die erste Ebene der Operationalisierung beschränken.

a) St.-Louis-Kriterien

1972 wurden erstmals [5, 11] operationalisierte diagnostische Kriterien für 14 psychiatrische Erkrankungen aufgestellt (St.-Louis-Kriterien). Für die Schizophrenien wurde das Kraepelinsche Konzept der Diagnostik aus Verlaufskriterien teilweise übernommen (es wird eine chronische Erkrankung mit einer Mindestdauer von sechs Monaten gefordert). Aufgrund früherer Verlaufsuntersuchungen und Familienbildstudien schlossen die Autoren, daß „good prognosis schizophrenia" und „poor prognosis schizophrenia" zwei verschiedene Erkrankungen seien. Die St.-Louis-Kriterien wurden also entwickelt, um diese „poor prognosis"-Gruppe der Schizophrenien zu diagnostizieren, und als solche enthalten die Kriterien Verlaufsmerkmale, die mit einer schlechten Prognose in Zusammenhang gebracht wurden.

Die der prognostischen Aussagekraft von affektiven Symptomen zugewiesene Bedeutung fand in der Etablierung von Ausschlußkriterien zur Abgrenzung zwischen Schizophrenie und affektiven Erkrankungen ihren Niederschlag.

In zahlreichen Studien, in denen Forschungskriterien für Schizophrenie miteinander verglichen wurden [12], konnte gezeigt werden, daß diagnostischen Systemen, die Verlaufskriterien (wie Dauer der Symptomatologie, prämorbides soziales Funktionieren) beinhalten, eine bessere prognostische Aussagekraft zukommt als solche, die rein an Querschnittsymptomen orientiert sind. Die St.-Louis-Kriterien erfassen zwar bei Erstaufnahmen relativ wenige Patienten, sind dann aber von einer hohen prognostischen Aussagekraft in bezug auf einen chronischen Verlauf.

Da wiederholt gezeigt werden konnte, daß vorhandene Chronizität zukünftige Chronizität prognostizieren kann, meinten verschiedene Autoren [12, 23], daß man, wenn man Chronizität als Diagnosekriterium fordert, nicht einen schlechten Ausgang der Erkrankung als unabhängiges Validierungsmaß heranziehen könnte.

b) RDC-Kriterien

Die zu starke Orientierung der St.-Louis-Kriterien an chronischen schizophrenen Verläufen und die damit bedingte geringe Einschlußpotenz, vor allem bei Erstaufnahmen, waren Anlaß für eine Modifizierung im Rahmen der Entwicklung der Research-Diagnostic-Criteria [5, 22]. Es wurden schließlich auch viele zusätzliche Diagnosen eingeschlossen, wie die für schizoaffektive Erkrankungen und andere wichtige Diagnosen für die Differentialdiagnose zwischen Schizophrenie und affektiven Erkrankungen.

Die RDC-Kriterien für Schizophrenie bestehen erstens aus symptomatischen Einschlußkriterien (entsprechen im großen und ganzen den Symptomen 1. Ranges nach K. Schneider bzw. den Bleulerschen formalen Denkstörungen, begleitet von bestimmten anderen Symptomen).

Symptomatologische Ausschlußkriterien beinhalten die vollständigen Kriterien eines manischen oder depressiven Syndroms. In einem Zeitkriterium wird eine zweiwöchige Mindestdauer der Erkrankung gefordert. Die RDC-Diagnose Schizophrenie sollte nur dann gestellt werden, wenn eine bekannte organische Ursache für die Symptomatik unwahrscheinlich ist.

Insgesamt kann also gesagt werden, daß es der in den RDC geübte Ansatz vermeidet, die Diagnose einer Schizophrenie auf chronische Fälle zu beschränken (daher keine 6-Monate-Mindestdauer der Erkrankung wie in den St.-Louis-Kriterien). Durch die Entwicklung neuer Kategorien wie der schizoaffektiven ist es möglich, einen engen Schizophreniebegriff beizubehalten, aber trotzdem die meisten Patienten klassifizieren zu können.

c) DSM-III

In Weiterentwicklung der St.-Louis- und der RDC-Kriterien wurden schließlich 1980 im Rahmen des Diagnostic and Statistical Manual of Mental Disorders, 3rd edn. [2, 5] operationalisierte Kriterien mit Ein- und Ausschlußkriterien zum ersten Mal in eine offizielle Nomenklatur eingeführt.

Dies wurde vor allem in den USA als ein Meilenstein in der Geschichte der Psychiatrie gefeiert und an Bedeutung der Einführung des Chlorpromazins gleichgesetzt [18].

Als weitere Merkmale, die zum Erfolg des DSM-III beigetragen haben, werden das Konzept multipler Erkrankungen (Annahme des medizinischen Krankheitsmodells), die Austestung von Kriterien durch Reliabilitätsstudien und die Einführung eines multiaxialen Systems genannt.

Jeder Patient kann auf fünf verschiedenen Achsen beurteilt werden:

Achse I: Klinische Syndrome
Achse II: Persönlichkeitsstörungen
           Spezifische Entwicklungsstörungen
Achse III: Körperliche Störungen und Zustände
Achse IV: Schwere der psychosozialen Belastungsfaktoren
Achse V: Höchstes Niveau der sozialen Anpassung im letzten Jahr

Bei Betrachtung der diagnostischen Kriterien für eine schizophrene Störung nach DSM-III (Tabelle 1) erkennt man unter den Einschlußmerkmalen A 1 – A 5 Symptome 1. Ranges nach K. Schneider, während A 6 im Sinne des Bleulerschen Schwergewichts auf formale Denkstörungen ausgewählt wurde.

Das symptomatologische Ausschlußkriterium D beinhaltet das Vorliegen eines manischen oder depressiven Syndroms. Wenn sich allerdings ein solches Syndrom nicht vor, sondern nach dem Auftreten von Symptomen 1. Ranges oder formalen Denkstörungen entwickelt oder nicht das klinische Bild bestimmt oder lange genug anhält, gilt es damit nicht als Ausschlußkriterium.

Merkmal C fordert eine Krankheitsdauer von sechs Monaten, die sich aus einer aktiven psychotischen Phase mit oder ohne Prodromal- oder Residualphase zusammensetzen muß.

Als weitere elementäre Merkmale werden eine Verschlechterung der prämorbiden Leistungsfähigkeit und Integration, ein Krankheitsbeginn vor dem 45. Lebensjahr und Ausschluß einer organischen Störung bzw. geistigen Behinderung gefordert.

Das Schizophrenie-Konzept des DSM-III ist also viel enger als jenes der RDC als Folge des Zeitkriteriums von sechs Monaten.

Im Vergleich zu den St.-Louis-Kriterien ist das DSM-III-Konzept allerdings weiter, insofern nicht alle auftretenden affektiven Syndrome als symptomatologische Ausschlußkriterien fungieren, sondern bestimmte Anforderungen an Schweregrad und zeitlichen Ablauf des affektiven Syndroms gestellt werden, ehe die Relativierung der Schizophreniediagnose möglich ist.

Tabelle 1. DSM-III-Kriterien für schizophrene Störung

A. Mindestens eines der folgenden Merkmale während einer Phase der Erkrankung:

 1. bizarre Wahnphänomene (inhaltlich offensichtlich absurd und *ohne* mögliche reale Grundlage), etwa Wahnphänomene der Beeinflussung und des Gemachten, Gedankenausbreitung, Gedankeneingebung oder Gedankenentzug;

 2. körperbezogene, Größen-, religiöse, nihilistische oder andere Wahnphänomene ohne Verfolgungs- oder Eifersuchtsinhalt;

 3. Wahnphänomene mit Verfolgungs- oder Eifersuchtsinhalten, wenn sie von irgendeiner Form von Halluzinationen begleitet sind;

 4. akustische Halluzinationen, bei denen entweder eine Stimme das Verhalten oder die Gedanken des Betroffenen kommentiert, oder zwei oder mehr Stimmen sich miteinander unterhalten;

 5. akustische Halluzinationen bei verschiedenen Gelegenheiten und mit mehr als einem oder zwei Worten Umfang, ohne offensichtlichen Zusammenhang mit Depression oder Stimmungshebung;

 6. Inkohärenz, deutliche Lockerung der Assoziationen, ausgeprägt unlogisches Denken oder ausgeprägte Verarmung der sprachlichen Äußerungen, wenn sie mit mindestens einem der folgenden Merkmale einhergehen:

  a) abgestumpfter, verflachter oder inadäquater Affekt,

  b) Wahnphänomene oder Halluzinationen,

  c) katatones oder sonst grob desorganisiertes Verhalten.

B. Verschlechterung gegenüber dem früher bestehenden Leistungsniveau in Bereichen wie Berufstätigkeit, soziale Beziehungen und Selbstversorgung.

C. Dauer: Kontinuierliche Zeichen der Erkrankung mindestens sechs Monate lang irgendwann im Leben des Betroffenen, davon einige gegenwärtig vorhanden. Der sechsmonatige Zeitraum muß eine aktive Phase der Erkrankung beinhalten, in der Symptome von A vorhanden waren, mit oder ohne Prodromal- oder Residualphase, wie sie unten definiert sind.

Prodromalphase: Deutliche Verschlechterung des Leistungsniveaus vor der aktiven Krankheitsphase, die nicht durch eine Verstimmung oder durch eine Störung durch psychotrope Substanzen bedingt ist sowie mindestens zwei der unten genannten Symptome enthält.

Residualphase: Mindestens zwei der unten genannten Symptome, die nach der aktiven Krankheitsphase anhalten und nicht durch eine Verstimmung oder durch eine Störung durch psychotrope Substanzen bedingt sind.

Tabelle 1. Fortsetzung

Prodromal- oder Residualsymptome:
1. soziale Isolation oder Zurückgezogenzeit;
2. ausgeprägte Beeinträchtigung der Rollenerfüllung im Beruf, in der Ausbildung oder im Haushalt;
3. ausgeprägt absonderliches Verhalten (z. B. Sammeln von Abfällen, Selbstgespräche in der Öffentlichkeit oder Horten von Lebensmitteln);
4. ausgeprägte Beeinträchtigung der persönlichen Hygiene und Kleidung;
5. abgestumpfter, verflachter oder inadäquater Affekt;
6. abschweifende, vage, übergenaue, umständliche oder metaphorische Sprache;
7. eigentümliche oder bizarre Vorstellungen oder magisches Denken, z. B. Aberglaube, Hellseherei, Telepathie, „sechster Sinn", „andere können meine Gefühle spüren", überwertige Ideen, Beziehungsideen;
8. ungewöhnliche Wahrnehmungserlebnisse, z. B. wiederholte Illusionen, das Gefühl der Anwesenheit einer nicht wirklich vorhandenen Macht oder Person.

D. Das vollständige depressive oder manische Syndrom (Kriterien A und B der typischen depressiven oder manischen Episode), falls vorhanden, entwickelte sich nach irgendwelchen psychotischen Symptomen oder war im Vergleich zur Dauer der psychotischen Symptome von A nur von kurzer Dauer.

E. Beginn der prodromalen oder der aktiven Phase der Erkrankung vor dem 45. Lebensjahr.

F. Nicht Folge einer organisch bedingten psychischen Störung oder einer geistigen Behinderung.

Auf die Schwächen des DSM-III wurde vielfach hingewiesen [16]: Einerseits wird die ungenügende Validierung der meisten Kategorien kritisiert – eine hohe Reliabilität sagt ja noch nichts über die Validität aus! Aufgrund des „chinese menu"-Typs auch der diagnostischen Kategorien für Schizophrenie kann von einer Homogenität der so diagnostizierten Patienten keine Rede sein. Auch die Erwartung, daß Diagnosekriterien mit geringer Einschlußpotenz eine Kerngruppe schizophrener Erkrankungen treffen würden, konnte bisher z. B. in Validierungsstudien am Familienbild nicht bewiesen werden [19].

Ein weiterer Kritikpunkt am DSM-III ist die Wahl der Achsen

(keine Achse für Ätiologie, aber viele Erkrankungen auf Achse I sind mit ätiologischen Implikationen kontaminiert, wie Anpassungsstörung, Konversionssyndrom, kurze reaktive Psychose, ...), wobei Achse IV und V als noch sehr unbefriedrigend erachtet werden müssen. Die Beschränkungen auf bestimmte Altersbereiche (Schizophrenie nur vor dem 45. Lebensjahr) und Krankheitsdauer (sechs Monate für Schizophrenie) wurden ebenfalls heftig kritisiert, weil damit das, was eine empirische Beobachtung sein sollte, zu einem Axiom umgewandelt wird.

d) DSM-III-R

1987 erschien eine Revision des DSM-III [3], wobei nun für die Schizophreniediagnose die Mindestdauer der aktiv-psychotischen Zeit mit einer Woche genauer festgelegt wurde. Insgesamt wird aber weiterhin eine sechsmonatige Dauer der Erkrankung gefordert.

Die Symptomatologie wurde übersichtlicher gruppiert, ohne daß sich wesentliche inhaltliche Neuerungen ergeben.

Da im DSM-III-R für die schizoaffektiven Erkrankungen genauere operationale Definitionen angegeben werden, ist eine klarere Abgrenzung zwischen Schizophrenie und schizoaffektiven Erkrankungen möglich. Die im DSM-III geforderte Altersbegrenzung von 45 Jahren bei Krankheitsbeginn wurde im DSM-III-R fallengelassen.

e) Wiener Forschungskriterien
(endogenomorph-schizophrenes Achsensyndrom)

Als Beispiel eines rein theorie-orientierten Forschungsalgorithmus soll hier noch auf das endomorph-schizophrene Achsensyndrom [5] eingegangen werden (Tabelle 2).

Das endogenomorph-schizophrene Achsensyndrom enthält ausschließlich symptomatologische Kriterien, die vorwiegend zu den Ausdrucksstörungen gehören. Als obligatorisch werden formale Denkstörungen und/oder Neologismen gefordert. Da die formalen Denkstörungen bei deutlich beschleunigtem oder verlangsamtem

Tabelle 2. Wiener Forschungskriterien (endogenomorph-schizophrenes Achsensyndrom)

Sicher: A und/oder B vorhanden
Wahrscheinlich: nur C vorhanden

A. Formale Denkstörungen
(bei Fehlen einer deutlichen Denkbeschleunigung oder Denkverlangsamung bzw. Fehlen eines gleichzeitig bestehenden ausgeprägten Angstsyndromes).
Mindestens eines der folgenden Symptome erforderlich.

1. Sperrung
Plötzliches Abbrechen des Gedankenstroms mit Lückenbildung; nach einer Pause wird entweder der vorhergehende Gedanke oder ein neuer Gedanke aufgenommen.

2. Entgleisung
Allmähliches Abgleiten oder plötzliches Abspringen vom Hauptgedankenstrom ohne Lückenbildung.

3. Faseln
Durcheinanderwürfeln der Elemente verschiedener Gedanken (die für den Patienten zu einer gemeinsamen Idee gehören können) bei flüssiger und syntaktisch im wesentlichen korrekter Sprache.

B. Neologismen
(sofern ihre private Bedeutung vom Patienten nicht spontan erklärt wird).

C. Affektverflachung
(bei Fehlen deutlicher Depressivität, Müdigkeit oder Medikamentenwirkung).
Dieser Terminus beinhaltet Affektarmut, emotionale Indifferenz und Apathie. Im wesentlichen handelt es sich dabei um eine Verminderung der affektiven Ansprechbarkeit.

Gedankenduktus bzw. bei gleichzeitigem Vorliegen eines ausgeprägten Angstsyndroms nicht mit entsprechender Sicherheit beurteilt werden können, dürfen sie im Falle solcher Veränderungen nicht zur Zuordnung herangezogen werden.

Neologismen werden nur dann als schizophren gewertet, wenn sie bloß eine persönliche, anderen Personen nicht spontan erklärte Bedeutung haben.

Der Begriff Affektverflachung ist im Sinne einer in allen Skalenbereichen herabgesetzten affektiven Ansprechbarkeit gefaßt und schließt die Parathymie (Affektdissoziation) nicht ein.

Im Hinblick auf Beurteilungsschwierigkeiten bei Vorliegen einer deutlichen Depressivität, medikamentösen Beeinträchtigung oder schweren Ermüdung darf die Affektverflachung unter diesen Umständen nicht gewertet werden.

Im Rahmen des Wiener Psychosenverlaufsprojektes zeigten die Wiener Forschungskriterien den gegenüber ICD 9, DSM-III, Taylor-, St.-Louis- und RDC-Kriterien engsten Schizophreniebegriff [6].

4. Der polydiagnostische Ansatz in der Schizophrenieforschung

Obwohl in den letzten 15 Jahren eine große Zahl von operationalisierten Kriterien zur Lösung diagnostischer Probleme entwickelt wurde, hat ihre große Zahl nur neue Verwirrung gebracht.

In der Publikation des Weltverbandes für Psychiatrie [5] werden z. B. 15 verschiedene Diagnosekriterien für Schizophrenie angeführt, wobei die Kriterien mehr als fünffache Unterschiede in ihrer Einschlußpotenz für schizophrene Patienten zeigen [6].

Die Versuche, durch Kompromiß-Klassifikationsschemata wie der ICD-9 [9] oder dem DSM-III [2] dieser Entwicklung entgegenzusteuern, also verschiedene diagnostische Ansätze in ein einziges Schema zu zwingen, müssen als problematisch angesehen werden. In bewußter Abhebung von den unbefriedigenden Vereinheitlichungstendenzen der Kompromiß-Klassifikationsschemata wurde deshalb vorgeschlagen, in psychiatrischen Forschungsprojekten Formulierungen simultan anzuwenden.

Dieses Vorgehen wurde der „polydiagnostische Ansatz" genannt [6, 13].

Es ist also ein Versuch, die Spannung zwischen den verschiedenen Ansätzen zunächst bestehen zu lassen und gerade dadurch zu einer empirischen Bestätigung oder Verwerfung einzelner dieser diagnostischen Hypothesen zu gelangen [13].

5. Ausblick

Die kommenden Jahre werden sicherlich eine weitere Verbesserung der existierenden operationalisierten Kriterien bringen; für schizophrene und affektive Psychosen gibt es ja schon sehr viele rivalisierende Diagnosekriterien, die Hälfte der 200 DSM-III-Kategorien mußte allerdings erst erfunden werden!

Die Schizophrenieforschung der letzten Jahre illustriert die Art von Validierungsstudien, die auch für andere Syndrome dringend notwendig wären:

Verschiedene Forschergruppen haben Inzidenz und Prognose der Schizophrenie − definiert nach verschiedensten Kriterien − untersucht, andere waren an den prognostischen Implikationen der 6-Monate-Krankheitsdauer in den St.-Louis- und DSM-III-Kriterien interessiert, wiederum andere untersuchten das Familienbild bei Patienten mit diesen engen Definitionen. Die Validierung kann aber natürlich auch an der Therapieansprechbarkeit oder der Beziehung zu biologischen Abnormitäten erfolgen.

Erst eine ausreichende Validierung wird dann auch den Begriff „operationalisierte Kriterien" besser rechtfertigen, denn bisher sind sie ja, wie Zubin [17] meint, bestenfalls arbiträre, aber nützliche Spezifikationen, basierend auf einem tentativen Konsens und nicht so sehr auf Operationen, die man unternimmt, um ein Konzept zu identifizieren oder zu messen.

Operationalisierte Definitionen werden voraussichtlich neben den bisher üblichen Beschreibungen auch in die ICD-10 eingehen, deren Einführung auf 1993 verschoben wurde [8]. Ähnlich wie im DSM-III wird für das ICD-10 auch ein multiaxiales Schema geplant [21], so daß eine gewisse Annäherung der derzeit so rivalisierenden Klassifikationssysteme mit dem Erscheinen von DSM-IV und ICD-10 erwartet werden kann.

Literatur

1. American Psychiatric Association (1952) Diagnostic and Statistical Manual of Mental Disorders, 1st edn (DSM-I). APA, Washington
2. American Psychiatric Association (1980) Diagnostic and Statistical Manual of Mental Disorders, 3rd edn (DSM-III). APA, Washington

3. American Psychiatric Association (1987) DSM-III-R. APA, Washington

4. Beck AT, Ward C, Mendelson M, Mock J, Erbaugh J (1962) Reliability of psychiatric diagnoses: a study of consistency of clinical judgements and ratings. Am J Psychiatry 119: 351–357

5. Berner P, Gabriel E, Katschnig H, Kieffer W, Koehler K, Lenz G, Simhandl C (1983) Diagnosekriterien für schizophrene und affektive Psychosen. American Psychiatry Press, Washington

6. Berner P, Katschnig H, Lenz G (1986) The polydiagnostic approach in research on schizophrenia. In: Freedman AM, et al (eds) Issues in psychiatric classification. Human Sciences Press, New York

7. Boisen AT (1938) Types of dementia praecox: a study in psychiatric classification. Psychiatry 1: 233–236 [zitiert in: Kendell RE (1978) Die Diagnose in der Psychiatrie. Enke, Stuttgart]

8. Brämer GR (1988) Tenth revision of the international classification of diseases – in progress. Br J Psychiatry 152: 29–32

9. Degkwitz R, Helmchen H, Kockott G, Mombour W (1980) Diagnoseschlüssel und Glossar psychiatrischer ICD. Springer, Berlin Heidelberg New York

10. Endicott J, Spitzer RL (1978) A diagnostic interview: the schedule for affective disorders and schizophrenia. Arch Gen Psychiatry 35: 837–844

11. Feighner JP, Robins E, Guze SB, Woodruff RA, Winokur G, Munoz R (1972) Diagnostic criteria for use in psychiatric research. Arch Gen Psychiatry 26: 57–63

12. Fenton WS, Mosher LR, Mattews SN (1981) Diagnosis of schizophrenia: a critical view of current diagnostic systems. Schizophr Bull 7: 453–476

13. Katschnig H (1984) Der polydiagnostische Ansatz in der psychiatrischen Forschung. In: Hopf A, Beckmann H (Hrsg) Forschungen zur Biologischen Psychiatrie. Springer, Berlin Heidelberg New York Tokio

14. Katschnig H (1988) Wert und Unwert der operationalisierten Diagnostik für die biologisch-psychiatrische Forschung. In: Beckmann H, Laux G (Hrsg) Biologische Psychiatrie. Springer, Berlin Heidelberg New York Tokio

15. Kendell RE (1978) Die Diagnose in der Psychiatrie. Enke, Stuttgart

16. Kendell RE (1983) DSM-III: a major advance in psychiatric nosology. In: Spitzer RL, et al (eds) International perspectives on DSM-III. American Psychiatric Press, Washington

17. Kendell RE (1984) Reflections on psychiatric classification – for the architects of DSM-IV and ICD-10. Integrative Psychiatry 2/2: 43–56

18. Kleman GL (1984) The advantages of DSM-III. Am J Psychiatry 141 (4): 539–542

19. Lenz G, Fodor G, Gabriel HE, Steinberger K (1988) Polydiagnostik schizophrener Psychosen und Familienbild. In: Beckmann H, Laux G (Hrsg) Biologische Psychiatrie. Springer, Berlin Heidelberg New York Tokio

20. Masserman JH, Carmichael HT (1938) Diagnosis and prognosis in psychiatry. J Mental Sci 84: 893 − 946 [zitiert in: Kendell RE (1978) Die Diagnose in der Psychiatrie. Enke, Stuttgart]

21. Mezzich JE (1988) On developing a psychiatric multiaxial schema for ICD-10. Br J Psychiatry 152: 38 − 43

22. Spitzer RL, Endicott J, Robins E (1982) Forschungs-Diagnose-Kriterien (RDC). Deutsche Bearbeitung: H. E. Klein. Beltz, Weinheim Basel

23. Strauss JS, Carpenter WT (1974) The prediction of outcome in schizophrenia. Arch Gen Psychiatry 31: 37 − 42

24. Wing JK, Cooper JE, Sarotrius N (1982) The measurement and classification of psychiatric symptoms. Deutsche Übersetzung von M. v. Cranach. Beltz, Weinheim Basel

Anschrift des Verfassers: Univ.-Doz. Dr. G. Lenz, Psychiatrische Universitätsklinik, Währinger Gürtel 18-20, A-1090 Wien, Österreich.

Grundlagen und Probleme des Messens in der psychiatrischen Forschung

R. Dittrich und **R. Hatzinger**

Psychiatrische Universitätsklinik Wien, Österreich

Zusammenfassung

Ziel dieses Referates ist es, einige grundlegende Ideen der Meßtheorie darzustellen, die bei Anwendung eines empirischen Ansatzes in der psychiatrischen Forschung Beachtung finden sollten. Vorgestellt werden sowohl die Beziehungen, die zwischen empirisch beobachtbaren Phänomenen und ihrer numerischen Repräsentation bestehen, als auch die verschiedenen Meßniveaus und die ihnen entsprechenden Skalen (Nominal-, Ordinal- und Intervallskala). Auf diesen Überlegungen aufbauend werden am Beispiel des BPRS Probleme und Folgerungen diskutiert, die auftreten, wenn psychiatrische Phänomene gemessen werden sollen. Schließlich werden zwei Lösungsalternativen vorgeschlagen: das probabilistische Modell von Rasch und eine einfache, pragmatische Möglichkeit der Vorgangsweise.

Schlüsselwörter: Meßtheorie, Skalenniveau, Raschmodell, Beurteilungsskalen.

Summary

Basic ideas of measurement theory in psychiatric research. The aim of this paper is to show basic ideas of the theory of measurement which should be considered when an empirical approach is applied in psychiatric research.

The relation between empirically observable phenomena and their numerical representation is presented as well as the different levels of measurements and the corresponding scales such as nominal, ordinal and interval. Based on these considerations the BPRS is used as an example to discuss problems and consequences when psychiatric phenomena are to be measured. Finally two proposals are given how to proceed in such situations: the probabilistic model of Rasch and a simple pragmatic strategy.

Keywords: Theory of measurement, scale types, Rasch-model, rating scales.

1. Einleitung

Historisch gesehen entwickelte sich die psychiatrische Forschung in ihrer Methodik immer mehr weg von der intuitiven Deutung von Befunden und Einzelfallbeobachtungen hin zu einem empirischen Ansatz, in dem Quantifizierung und Objektivierung psychiatrischer Phänomene wesentlich wurden. Ursprünglich eine Geisteswissenschaft, nahm die Psychiatrie also mehr und mehr den Charakter einer Naturwissenschaft an. Die Anwendung naturwissenschaftlicher Methodik in der Psychiatrie setzt aber die Durchführung gut geplanter und kontrollierter klinischer Studien voraus. Diese können ihrem Charakter nach mit Experimenten gleichgestellt werden, wobei ausgehend von theoretischen Überlegungen Hypothesen formuliert und geprüft werden. Eine allgemein akzeptierte Definition von Experiment lautet: „Ein Experiment besteht in der Herstellung und systematischen Variation von Bedingungen, die es ermöglichen, einen Vorgang möglichst isoliert beliebig oft zu beobachten, wobei die Resultate zahlenmäßig darstellbar sein sollen." [8]

Ein Schwerpunkt dieser Definition liegt also darauf, Resultate zahlenmäßig darzustellen, d. h. bestimmte der jeweiligen Fragestellung relevante Größen zu quantifizieren. Wurde früher so getan, als ob schon die Messung interessierender Merkmale und ihre statistische Verarbeitung allein genügt, Theorieentwicklung zu gewährleisten, so zeigen wissenschaftstheoretische Überlegungen, daß der Begriff Messung selbst einer Theorie bedarf [6]. (Dies betrifft besonders Gegenstandsbereiche, in denen menschliche Verhaltensweisen und soziale Prozesse untersucht werden.) Mit der entsprechenden formalwissenschaftlichen Fundierung beschäftigt sich die sogenannte Meßtheorie, deren Ziel es ist, dem Prozeß des Messens eine logische Grundlage zu geben.

Ziel des vorliegenden Referates ist es, einige grundlegende Begriffe der Meßtheorie vorzustellen und Implikationen im Bereich psychiatrischer Forschung zu diskutieren.

2. Grundlagen des Messens

Ganz allgemein wird die Zuordnung von Zahlen zu Objekten (das sind z. B. Individuen oder Ereignisse) Messung genannt. Hierbei drücken die Zahlen bestimmte Eigenschaften der Objekte aus. Als Voraussetzung für die Meßbarkeit von Eigenschaften, die diese Objekte besitzen, müssen Beziehungen (Relationen) im empirischen Bereich feststellbar sein, die dann durch numerische Relationen, also Beziehungen zwischen den zugeordneten Zahlen, repräsentiert werden. Diese sehr allgemeine Formulierung soll anhand einiger einfacher Beispiele erläutert werden. In Abb. 1 sind sechs Objekte dargestellt, die sich hinsichtlich ihrer Form und Musterung unterscheiden, d. h. die Objekte haben unterschiedliche Eigenschaften.

Betrachtet man die Eigenschaft Musterung, so kann zwischen den Objekten a, b und c die Gleichheitsbeziehung festgestellt werden (alle diese Objekte sind schraffiert), sie gehören also einer Gruppe von Objekten an. Eine Gruppe von Objekten, die durch gleiche Eigenschaften charakterisiert sind, bezeichnet man auch als Äquivalenzklasse.

Die Objekte d, e und f bilden bezüglich Musterung ebenfalls eine Äquivalenzklasse, allerdings gilt für sie die Gleichheitsrelation „nicht schraffiert". Zwischen den beiden so gebildeten Klassen besteht die Ungleichheitsbeziehung, d. h. die Objekte der beiden Gruppen unterscheiden sich bezüglich des Merkmals Musterung. Betrachtet man hingegen die Form und trifft eine Einteilung nach „rund" und „eckig", entstehen andere Äquivalenzklassen. Objekte

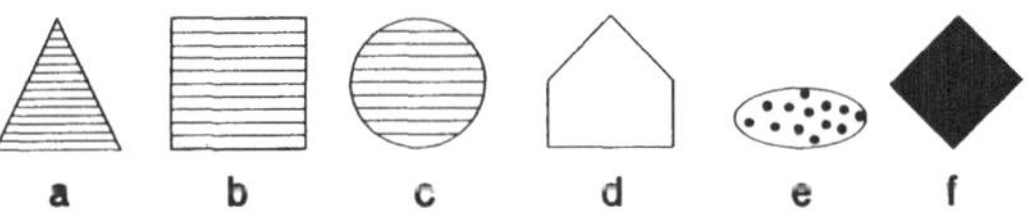

Abb. 1. Beispiele für Äquivalenzklassen

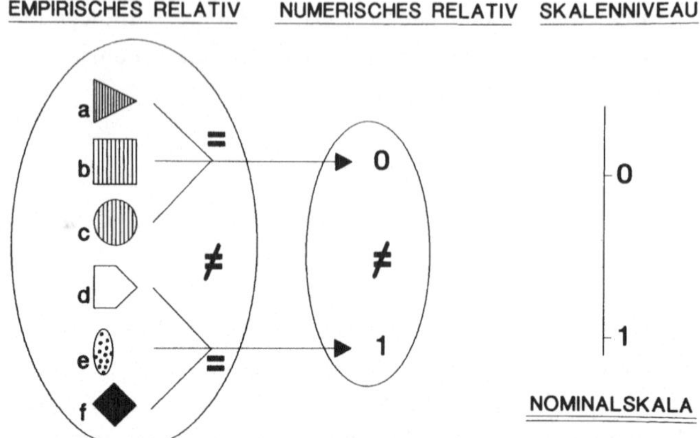

Abb. 2. Empirisches und numerisches Relativ für eine Nominalskala

und die zwischen ihnen beobachtbaren Relationen nennt man empirisches Relativ. Wesentlich ist, daß die Relationen beobachtbar sind, wobei im vorliegenden Fall nur die Relationen Gleichheit ($=$) bzw. Ungleichheit ($\neq$) bezogen auf eine bestimmte Menge definierter Eigenschaften in Betracht gezogen werden.

Wie schon oben erwähnt, spricht man von Messung dann, wenn empirisch feststellbare Relationen zwischen Objekten durch numerische Relationen dargestellt werden. Dabei ordnet man Äquivalenzklassen Zahlen zu, zwischen denen die gleiche Relation bestehen muß, wie sie auch an den Objekten beobachtet werden kann. Die Menge dieser Zahlen gemeinsam mit den zwischen ihnen bestehenden Beziehungen bezeichnet man als numerisches Relativ [2].

In diesem Beispiel (Abb. 2) wurden nun den Äquivalenzklassen die Zahlen 0 und 1 zugeordnet. Man könnte ihnen auch die Zahlen 1 und 0 bzw. andere Zahlen, wie z. B. 1 und 1000, zuordnen. Von Bedeutung ist nur, daß allen Objekten, zwischen denen die Gleichheitsrelation besteht (die also derselben Äquivalenzklasse angehören), die gleiche Zahl zugeordnet wird. Messungen dieser Art, wo nur die Gleichheits- bzw. Ungleichheitsrelation zwischen den Objekten in ihrer Repräsentation durch Zahlen erhalten bleiben muß, nennt man Messung auf einer Nominalskala.

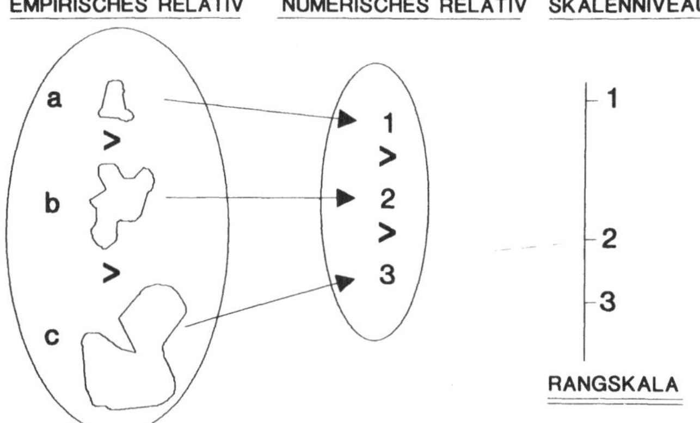

Abb. 3. Empirisches und numerisches Relativ für eine Rangskala

Ein typisches Beispiel für nominalskalierte Messungen in der Psychiatrie sind Diagnosen, die mittels verschiedener Klassifikationsschemata erstellt werden. Die Einteilungen erfolgen aufgrund der Beurteilung des Vorhandenseins (der Abwesenheit) verschiedener Merkmale. Patienten, die bestimmte Symptome zeigen, d. h. es besteht bezüglich dieser Symptome die Gleichheitsrelation, werden zu Äquivalenzklassen zusammengefaßt, die den einzelnen diagnostischen Untergruppen entsprechen. Zahlen, die den Diagnosegruppen zugeordnet werden (etwa nach DSM III), übernehmen die Funktion von Namen [3].

Messungen, die mehr Information als jene der Gleichheit oder Ungleichheit berücksichtigen, bezeichnet man als Messungen auf Ordinal- oder Rangskalenniveau. Dabei werden zusätzlich zur Gleichheits- bzw. Ungleichheitsrelation auch Ordnungsrelationen ($<$), ($>$) berücksichtigt, die inhaltlich als größer (kleiner), mehr (weniger), stärker (schwächer) etc. interpretiert werden können.

Betrachtet man die Objekte in Abb. 3, so können zwischen den Objekten a, b und c hinsichtlich ihrer Größe die Relationen „Objekt b ist größer als Objekt a" und „Objekt c ist größer als Objekt b" festgestellt werden. Die verbale Beurteilung des Schweregrads von Nebenwirkungen eines Medikaments („keine", „geringfügige",

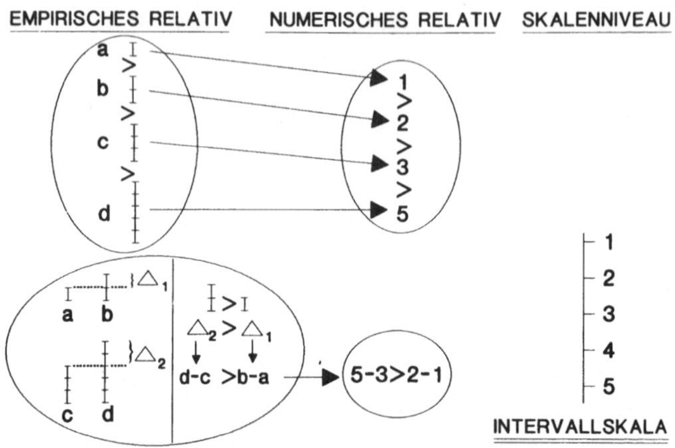

Abb. 4. Empirisches und numerisches Relativ für eine Intervallskala

„starke") könnte hier als Beispiel dienen. Dabei wird nicht berücksichtigt, um wieviel größer die Objekte jeweils sind. Bei der Zuordnung von Zahlen müssen diese Beziehungen wieder erhalten bleiben. Demnach ist es zulässig, den Objekten die Zahlen 1, 2 und 3 zuzuordnen.

Genausogut kann jede beliebige andere Zahlenfolge gewählt werden (z. B. 1, 7, 20), welche die beobachteten Ordnungsrelationen abbildet. Es ist daher klar, daß zwar die Größenordnung der Zahlen, nicht aber ihre Abstände irgendeine Bedeutung haben.

Dies wird erst auf dem nächsthöheren Meßniveau, dem der Intervallskala, berücksichtigt. Damit werden auch algebraische Operationen wie Addition oder Subtraktion sinnvoll. Die Definition einer Intervallskala kann anhand des Beispiels der Längenmessung erläutert werden. Voraussetzung zur Messung der Länge von Objekten sind (über die bisher schon beschriebenen Relationen hinaus) auch empirisch feststellbare Ordnungsrelationen von Differenzen.

In Abb. 4 kann man sich unter den Objekten a, b, c und d Stäbe vorstellen. Die empirischen Ordnungsrelationen von Differenzen erhält man, indem man Stab a neben Stab b stellt und die Differenz $\triangle_1$ markiert. Führt man die gleiche Operation auch mit Stab c und d durch, erhält man $\triangle_2$. Beide Differenzen können nun direkt (wenn man die Stäbe nebeneinanderlegt) verglichen werden, wodurch „größer" bzw. „kleiner" Relationen von Differenzen beobachtbar werden.

In unserem Fall ist $\triangle_1 < \triangle_2$. Bei der Zuordnung von Zahlen, die diese Relationen abbilden, benötigt man Einheiten, wobei in diesem Beispiel der kleinste Stab a gewählt wurde und die anderen Objekte einfachheitshalber ein ganzzahliges Vielfaches des Objekts a betragen. Der Einheitsstab a erhält die Zahl 1, die Zahlen, welche den anderen Objekten zugeordnet werden, ergeben sich daraus, wie oft Stab a abgetragen werden kann.

3. Beurteilungsskalen als Meßinstrumente

Die bisher vereinfacht dargestellten Überlegungen bilden das Grundgerüst der Meßtheorie, wobei bisher nur auf jene rein formalen Aspekte einer Messung eingegangen wurde, unter welchen Umständen empirischen Sachverhalten auf sinnvolle Weise Zahlen zugeordnet werden können. Allerdings ist die Verwendung von Zahlen und deren Weiterverarbeitung nur dann sinnvoll, wenn die Beziehungen zwischen den Zahlen auch auf empirischer Ebene eine Entsprechung haben, da die Verwendung von Zahlen letztendlich nur eine Art von Übereinkunft ist, um über empirische Tatbestände kommunizieren zu können. Daraus folgt aber auch, daß eine Messung dann sinnlos ist, wenn die numerischen Relationen nicht-empirische Relationen widerspiegeln.

Zusätzliche Meßprobleme ergeben sich nun in allen Wissenschaftsbereichen, die sich mit nichtbeobachtbaren Phänomenen befassen, wie dies auch in der psychiatrischen Forschung der Fall ist. Als Beispiel dafür können Konzepte wie „Depression", „Manie", „Schizophrenie", „allgemeine psychische Störungen", aber auch „Intelligenz" etc. angesehen werden. Will man nun solche theoretischen Konzepte meßbar machen, verwendet man häufig Fragebögen bzw. Tests. Ziel bei der Anwendung solcher Fragebögen bzw. Tests ist es, den jeweiligen Schweregrad einer „depressiven", „schizophrenen" oder sonstigen Störung oder das Ausmaß an Intelligenz zu messen. Grundsätzlich sollen hierbei Verhaltensgesetzmäßigkeiten, wie sie durch die Fragebögen erfaßt werden, auf zugrunde liegende, nicht beobachtbare Eigenschaften von Personen zurückgeführt werden. Es ergeben sich also zwei Probleme: Erstens stellt sich bezüglich der Einzelitems eines Tests die Frage nach der Skalierung der Messungen. Daran anschließend erhebt sich zweitens die Frage, was eigentlich durch den jeweiligen Fragebogen gemessen wird bzw. ob alle Einzelitems dasselbe messen. Diese Probleme sollen vereinfacht am Beispiel der Brief Psychiatric Rating Scale (BPRS) deutlich gemacht werden [5].

Der BPRS-Beurteilungsbogen besteht aus 18 Einzelfragen (Items), wobei sich die verschiedenen Fragen auf einzelne Symptome wie depressive Störung, Halluzinationen etc. beziehen. Dabei soll das Ausmaß der jeweiligen Einzelstörung von einem externen Beurteiler auf einer siebenstufigen Skala beurteilt werden. Wird das jeweilige Symptom als nicht vorhanden beurteilt, wird ein Punkt vergeben, ist nach Meinung des Beurteilers das Symptom extrem stark vorhanden, werden sieben Punkte vergeben usw. Als Beispiel für die Beurteilung einzelner Fragen soll das Item 4 dargestellt werden.

Item 4: *Zerfall der Denkprozesse.* „Grad, bis zu dem der Denkprozeß verworren, inkohärent oder zerfahren ist. Bewerten Sie nur die Integration der verbalen Äußerungen, nicht den subjektiven Eindruck, den der Patient von seinem eigenen Denkvermögen hat" [5].

Zur Erfassung des Gesamtausmaßes einer allgemeinen psychiatrischen Störung werden nun nach Anleitung der Skalenersteller die Punkte aus den Einzelbeurteilungen summiert und als Schweregrad einer psychiatrischen Störung interpretiert.

Unter dem Gesichtspunkt der Ausführungen am Beginn dieses Referates soll nun die oben dargestellte Vorgangsweise diskutiert werden. Schon auf der Itemebene stellt sich das Problem, welchem Skalenniveau diese Art von Messung entspricht. Unter der Annahme einer Rangskala wird vorausgesetzt, daß ein Patient mit beispielsweise drei Punkten ein höheres Maß an Störung im fraglichen Bereich aufweist als ein Patient mit zwei Punkten, während Patienten mit gleich vielen Punkten gleich stark beeinträchtigt sind. Mit anderen Worten, es können Gleichheits- und Ordnungsrelationen im vorher definierten Sinn hergestellt werden. Demgegenüber muß bei Annahme einer Intervallskala zusätzlich noch die Gleichheit aller Abstände zwischen den einzelnen Punkten postuliert werden. Dies bedeutet, daß der Unterschied zwischen einem und zwei Punkten gleich groß ist wie der zwischen fünf und sechs Punkten. Da diese Annahme empirisch aber relativ unplausibel ist, können diese Messungen höchstens als ordinal skaliert angesehen werden.

Daraus folgend ergibt sich bei der Bildung eines Gesamtscores das schon erwähnte Skalierungsproblem. Nach dem oben Ausgeführten ist die Wahl der jeweiligen Zahlen bei Beobachtungen auf ordinalem Niveau insoferne beliebig, als nur die beobachtete Ordnung erhalten bleiben muß. D. h. man könnte den verschiedenen Kategorien („nicht vorhanden" bis „stark vorhanden") nicht nur die Zahlen 1 bis 6, sondern auch vollkommen andere, der Größe nach zunehmende Zahlen zuordnen. Vergäbe man nun bei Item A die Punkte 1 bis 6, bei einem anderen Item B aber die Zahlen 100 bis 600 (was aufgrund der Berücksichtigung des Skalenniveaus allein zulässig ist), zeigt sich die Problematik des Gesamtscores deutlich. Ein Patient mit starker Störung A und keiner Störung B erhielte 106 Punkte und hätte demnach eine geringere Störung als ein Patient mit keiner Störung A und nur leichter Störung B, also 201 Punkte. Dies wirft also die Frage auf, ob die unterschiedlichen Items als gleich wichtig (und damit gleichwertig) hinsichtlich der Gesamtsymptomatik angesehen werden können oder ob ihnen unterschiedliche — und wenn ja, welche — Bedeutung zukommt. Letztere Frage führt zum zweiten oben erwähnten Problem, nämlich, ob alle Einzelitems dasselbe messen. Dieses Problem wird in der meßtheoretischen Literatur als Frage nach der Homogenität von Tests bzw. Fragebögen thematisiert [2]. Während es beispielsweise kein Problem darstellt, das Gesamtgewicht verschiedener Objekte durch Addition der Einzelgewichte zu bestimmen, wäre es auch bei verschiedenen physikalischen Messungen einleuchtenderweise problematisch, aus Gewichts-, Längen- und Volumensmessungen gewonnene Zahlen einfach zu addieren. Welche Bedeutung käme dieser neuen Zahl im empirischen Relativ zu?

Generell kann wohl die Schlußfolgerung gezogen werden, daß Gesamtscores, wie sie beispielsweise durch den BPRS-Beurteilungsbogen gewonnen werden, keinesfalls als intervallskaliert aufgefaßt werden können. Dies bedeutet auch, daß eine unkritische Anwendung des Gesamtscores ein hohes Maß an Fehlerquellen beinhaltet, wodurch der Wert von Forschungsergebnissen, gewonnen aus solchen Daten, stark beeinträchtigt sein könnte.

Im folgenden sollen nun zwei Lösungsvorschläge überblicksartig erwähnt werden, wobei der erste durch neuere Entwicklungen in der Meßtheorie fundiert ist, während der zweite einen einfachen, pragmatischen Weg zum Umgang mit den Skalenproblemen darstellt. Im Rahmen der Psychologie, die mit ähnlichen Problemen, wie sie vorher aufgezeigt wurden, befaßt ist, wurden von Rasch [7], und weiterentwickelt von Fischer [2], statistische Modelle entwickelt, die die Beziehungen zwischen empirischem und numerischem Relativ über mathematische Modelle herstellen. Dabei sollen anhand des Ausprägungsgrades der einzelnen Items der allgemeine Schweregrad der Störung des Patienten und darüber hinaus das Gewicht des Einzelsymptoms, also seine Bedeutung für die Gesamtausprägung der Störung, bestimmt werden. Wichtig dabei ist, daß nicht der festgestellte Ausprägungsgrad in den einzelnen Items als Maß für die Störung aufgefaßt wird, sondern man untersucht die Wahrscheinlichkeit für die Zuordnung eines Patienten in eine bestimmte Itemkategorie $(1-7)$. In diesem Modell werden nur Messungen auf Nominalskalenniveau vorausgesetzt und man erhält über ein formales Meßmodell intervallskalierte Werte zur Charakterisierung der Personen und der verschiedenen Items. Darüber hinaus ist im Rahmen dieses Modells die Möglichkeit gegeben, die Frage zu klären, ob Homogenität der Items (im vorher definierten Sinn) gewährleistet ist. Modellannahmen können empirisch geprüft werden, was eine wesentliche Voraussetzung für meßtheoretisch sinnvolle Messungen darstellt.

Aus verschiedenen Gründen wurde dieses Modell in der psychiatrischen Forschung selten angewandt. Einer besteht wohl darin, daß eine sehr große Zahl von Probanden benötigt wird, um die entsprechenden Modellparameter statistisch zuverlässig schätzen zu können. Weiters ist zu erwähnen, daß man bei der Anwendung des Raschmodells zur Konstruktion eines geeigneten Meßinstruments üblicherweise nicht sehr leicht homogene Fragebögen bzw. Beurteilungsskalen erhält, so daß meist Reanalysen und Weiterentwicklungen notwendig sind.

In Ermangelung meßtheoretisch fundierter Messungen soll nun zum Abschluß noch ein pragmatischer Ansatz vorgestellt werden, der die Meßfehlerrisiken verringern helfen soll. Dabei erfolgt die Reduktion des Skalenniveaus umgekehrt zum Raschmodell. Nach der Bildung von Gesamtscores kann die darin enthaltene Information auf Nominalskalenniveau reduziert werden, indem man etwa einen niedrigen Schwellenwert festlegt. Patienten mit einem höheren BPRS-Wert werden beispielsweise der Äquivalenzklasse „Symptomatik vorhanden", solche mit einem Wert darunter der mit „Symptomatik nicht oder nur gering vorhanden" zugeordnet. So können Patienten während bzw. nach erfolgter Therapie in solche, die auf die Therapie angesprochen oder nicht angesprochen haben, kategorisiert werden. Dabei sind gewisse Fehlklassifikationen natürlich nicht auszuschließen, allerdings kann durch die Wahl eines sinnvollen Grenzwertes die Zahl „falsch positiv" bzw. „falsch negativ" klassifizierter Patienten minimiert werden.

Dieser Ansatz ermöglicht es, ähnlich mächtige Verfahren (z. B. logistische Regression, Überlebenszeitanalysen etc.) wie solche mit intervallskaligen Voraussetzungen (z. B. t-Test, Varianzanalyse etc.) anwenden zu können [1, 4, 9]. Dabei werden jene Fehler vermieden, die durch fehlende Intervallskaleneigenschaften von Messungen aus Fragebögen resultieren würden.

4. Schlußfolgerungen

Ziel des Referates war es, den Vorgang des Messens als einen bedeutenden Teilaspekt empirischen Arbeitens darzustellen. Es sollte gezeigt werden, daß im Prozeß empirischen Forschens die Messung den entscheidenden Schnittpunkt zwischen einer (im Idealfall aus einer Theorie abgeleiteten) Hypothese und ihrer statistischen Überprüfung darstellt. Weist nun aber schon die Messung als Abbildung empirisch feststellbarer Phänomene entscheidende Fehler auf, so müssen alle darauf aufbauenden Schlußfolgerungen als problematisch angesehen werden. Dabei kommt der Meßtheorie die Rolle eines Übersetzers zwischen theoretischen Gesetzmäßigkeiten und den beobachteten Tatbeständen zu. Sie gibt die formalen Grundlagen und Richtlinien an, Meßinstrumente zu entwickeln, die es erlauben, Konstrukte meßbar zu machen, die nicht beobachtbar sind und daher eigentlich auch nicht gemessen werden können. Es kommt daher der Meßtheorie in allen empirischen Wissenschaften und besonders auch in der Psychiatrie (wie einige Beispiele zeigen sollten) zentrale Bedeutung zu.

Literatur

1. Cox DR, Oakes D (1984) Analysis of survival data. Chapman and Hall, London
2. Fischer G (1974) Einführung in die Theorie psychologischer Tests. Grundlagen und Anwendungen. Hans Huber, Bern Stuttgart Wien
3. Koehler KH, Saß H (1984) Diagnostisches und statistisches Manual psychischer Störungen DSM-III. Übersetzt nach der dritten Auflage des Diagnostic and Statistical Manual of Mental Disorders der American Psychiatric Association. Beltz, Weinheim Basel
4. McCullagh P, Nelder JA (1983) Generalized linear models. Chapman and Hall, London
5. Overall JE, Gorham DR (1962) The brief psychiatric rating scale. Psychol Rep 10: 799−812
6. Pfanzagl J (1968) Theory of measurement. Physica, Würzburg Wien
7. Rasch G (1960) Probabilistic models for some intelligence and attaiment test. The Danish Institute for Educational Research, Kopenhagen
8. Rohracher H (1971) Einführung in die Psychologie. Urban & Schwarzenberg, Wien München Berlin
9. Sachs L (1969) Statistische Auswertungsmethoden. Springer, Berlin Heidelberg New York

Anschrift der Verfasser: Dr. Regine Dittrich, Psychiatrische Universitätsklinik, Währinger Gürtel 18-20, A-1090 Wien, Österreich.

Schizophrene Basisstörungen

B. Hodel

Psychiatrische Universitätsklinik Bern, Schweiz

Zusammenfassung

Das Basisstörungskonzept von Huber wird vorgestellt und durch die erlebnispsychologische Seite der subjektiven Basisstörungen von Süllwold ergänzt. Dabei wird in einer kritischen Betrachtung der als zentral gesetzte Verlust von Gewohnheitshierarchien relativiert. Die Autorin stellt eher die Ich-Funktionen in den Vordergrund, die bei Schizophrenen nicht mehr zwischen internen und externen Stimuli und Reaktionen koordinieren und integrieren können.

Schlüsselwörter: Schizophrenie, Basisstörungen, subjektive Basisstörungen, Ich-Funktionen, kognitive Metafunktionen.

Summary

Basic disturbances in schizophrenia. Huber's basic disturbance concept is presented, and supplemented by the event-psychological aspect of Süllwolds concept of subjective basic disturbances.

A critical appraisal is made of the central role ascribed to loss of habit hierarchies in the latter, the author laying greater emphasis on the ego functions, which in schizophrenic patients are no longer able to coordinate and integrate internal and external stimuli and reactions.

Keywords: Schizophrenia, basic disturbances, subjective basic disturbances, ego functions, cognitive metafunctions.

Einleitung

Fundamentale Störungen der Schizophrenie verursachen keine voneinander getrennten Symptome, sondern gemeinsame Glieder mit verschiedensten Störungsmanifestationen (nach [7]).

In Gang gesetzt wurden solch Überlegungen von Verlaufsstudien, die zeigten, daß es in den präpsychotischen und postpsychotischen Stadien der Schizophrenie Symptome gibt, die eine engere Verbindung zum eigentlichen Krankheitsprozeß haben, als solche der akut-produktiven Phasen (Überblick bei [9].).

Huber et al. [5] bezeichneten diese Symptome in ihrem sogenannten Basisstörungskonzept als „substratnah" und unterteilten sie in Basissymptome und Basisstörungen. Basisstörungen können allgemein als Folgeerscheinungen von präphänomenalen Normabweichungen neurochemischer und neurophysiologischer Prozesse bezeichnet werden. Nebst Defiziten der selektiven Filterung, der Aufnahme und Verarbeitung von Informationen und der Decodierung von Erfahrungen aus dem Langzeitspeicher sieht Huber [4] als wesentlichste kognitive Basisstörung im transphänomenalen Bereich den Verlust von sogenannten Gewohnheitshierarchien, die im Ansatz von Broen und Storms [2] beschrieben worden sind. Die Gewohnheitshierarchien sind zielgerichtete Reaktionstendenzen, welche nach dem Hulls-Prinzip aufgrund vorangegangener Konditionierungsprozesse mit abgestufter Gewohnheitsstärke an externe Reize assoziiert sind. Mit anderen Worten, aufgrund von Gewohnheitshierarchien werden Reaktionen nach dem Prioritätsprinzip abgerufen. Ein Verlust von Gewohnheitshierarchien ruft folglich Interferenzen zwischen den Reaktionstendenzen hervor. Von Huber et al. [5] werden die Auswirkungen dieser Basisstörung mit Basissymptomen umschrieben. Nebst den verschiedensten kognitiven Auffälligkeiten, die als „Verlust der Leitbarkeit der Denkvorgänge" zusammengefaßt werden, schließen die Basissymptome auch Coenästhesien und zentral-vegetative Störungen ein. Sowohl die Basisstörungen als auch die Basissymptome sind trotz ihrer Substratnähe nur teilweise für die Schizophrenie charakteristisch. Das typisch Schizophrene resultiert erst aus der Amalgamierung

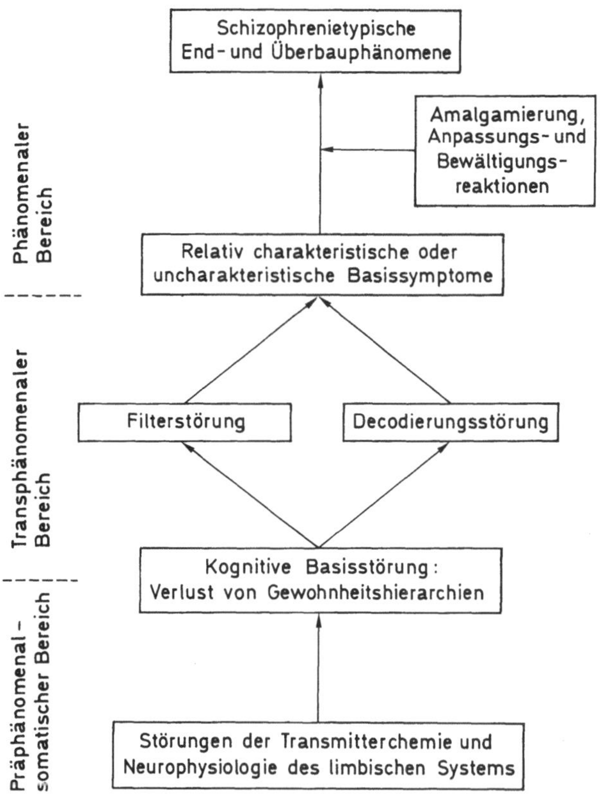

Abb. 1. Basisstörungskonzept von Huber (1983)

der Basissymptome mit der Persönlichkeits- oder der „anthropologischen" Matrix und ist erst im phänomenalen Bereich als schizophrenietypische End- und Überbauphänomene erkennbar.

Welche psychischen Funktionen sind gestört?

Süllwold [7, 8] untersuchte in ihrem Konzept der subjektiven Basisstörungen die von Huber beschriebenen Basissymptome auf der erlebnispsychologischen Seite. Ein zentrales Symptom ist dabei der „Verlust der Leitbarkeit der Denkvorgänge", von welchem nach Süllwold allgemeine Denk-, Konzentrations- und Gedächtnisstörungen sowie deren Folgen abhängen, also auch Störungen auf dem motorischen Gebiet, vor allem wenn sie eng an kognitive Fähigkeiten gebunden sind. Süllwold [8] teilt die subjektiven Basisstörungen nach einzelnen Funktionsbereichen ein. Sie unterscheidet zwischen insgesamt sechs Funktionsbereichen:

Denken

Die erlebnispsychologische Seite der Denkstörungen umfaßt Durcheinanderlaufen oder Überflutetwerden von Gedanken, Fremdbestimmung der Gedankengänge, Unsinnigkeit oder Aufdringlichkeit einzelner Ideen. Zum Beispiel: „Es verwirrt mich, daß seit einiger Zeit zu viele Gedanken in meinem Kopf sind" [9].

Sprache

Subjektive Basisstörungen der Sprache sind Blockierung, Verstümmelung der expressiven Sprache oder Sinnentleerung, Verständnisschwierigkeiten der rezeptiven Sprache. Zum Beispiel: „Mitunter höre ich mitten im Satz auf zu sprechen, ohne daß ich dies will" [9].

Sensorische Irritationen

Erlebnispsychologisch werden sie als Makro-/Mikropsien, als Veränderungen der Farben oder als Töne beschrieben. Zum Beispiel: „Manchmal klingen die Töne ganz anders als sonst" [9].

Motorik

Blockierungsphänomene oder Erlebnisse des Fremdgesteuertseins werden als motorische, subjektive Basisstörungen geäußert. Zum Beispiel: „Meine Glieder bewegen sich manchmal wie von allein, ohne mein Dazutun" [9].

Automatismusverlust

Erlebbnispsychologisch wird Automatismusverlust als Verlust ursprünglich automatisch ablaufender Fertigkeiten dargestellt. Zum

Beispiel: „Selbst bei Routinearbeiten muß ich jetzt alles erst neu überlegen" [9].

Gefühlsbereich

Anhedonie, inadäquate Gefühlsregungen, Verlust der Gefühlsdifferenziertheit sind subjektive Basisstörungen dieses Funktionsbereiches. Zum Beispiel: „Manchmal lache oder weine ich, ohne daß ich das möchte" [9].

Der synergetische Effekt aus den einzelnen subjektiven Basisstörungen wird als zunehmender Kontrollverlust über die eigenen psychischen Vorgänge und über das Verhalten erlebt. Die subjektiven Basisstörungen sind folglich auch mit psychischen Vorgängen verbunden, und ihre Auswirkungen sind in unterschiedlichsten Lebensbereichen bemerkbar. Um den damit verbundenen Belastungen und Ängsten entgegensteuern zu können, werden Kompensations- und Bewältigungsmechanismen eingesetzt, entweder in Form von übermäßiger Selbstkontrolle oder aber in Form eines Umarbeitungsprozesses in Richtung Wahn und Halluzinationen. Die eine oder andere Bewältigungsform wird durch Faktoren verstärkt, wie emotionale Erregung, plötzlicher Wechsel von Situationen sowie Streßmomenten. Folglich vertreten Süllwold und Huber [9], daß das Ausmaß der Basisstörungen intraindividuell fluktuiert, sowohl endogen als auch in Abhängigkeit situagener Anforderungen und Belastungen. Hervorzuheben ist, daß die Selbstwahrnehmung der Basisstörungen durch das Vorhandensein von Ich-Erlebnisstörungen, Realitätsverlust, Wahnsymptomen oder auch generell fehlender Krankheitseinsicht nicht entscheidend tangiert wird.

Kritik

In zweifacher Hinsicht scheint Kritik am Basisstörungskonzept von Huber berechtigt zu sein. Einerseits ist zu diskutieren, inwieweit die Linearität oder Unidirektionalität von den neurochemischen und neurophysiologischen Auffälligkeiten über die Basisstörungen und Basissymptome zu den manifesten Endphänomenen aufrechtgehalten werden kann. Von Brenner [1] wird zum Beispiel vertreten, daß verschiedene Funktionsebenen bzw. -bereiche zueinander in einer hierarchischen Beziehung stehen. Dabei können Defizite auf einer Ebene die Funktionsfähigkeit der nächsthöheren Ebene beeinträchtigen, allerdings können auch komplexere Störungen auf elementarere Bereiche zurückwirken. Zudem muß berücksichtigt werden, daß externe Stimuli einen nicht zu unterschätzenden Einfluß bis zu den präphänomenalen Ebenen der Schizophrenie haben können [6, 10]. Zum anderen muß aus der Sicht aktueller Informationsverarbeitungsansätze der Stellenwert des als zentral gesetzten „Verlustes von Gewohnheitshierarchien" relativiert werden. Reaktionen bestehen nicht nur aus Gewohnheiten, sondern aus sogenannten Handlungsabläufen, welche instinktiv angelegt oder aber erworben sind und eine Struktur aufweisen, welche erlaubt, auf unbekannte neue Stimuli entgegen der Gewohnheiten adäquat zu reagieren. Folglich dürfte es wahrscheinlich sein, daß eher kognitive Metafunktionen, die zwischen internen und externen Stimuli und Reaktionen koordinieren und integrieren sollten, gestört sind [3]. Zudem lassen sich Auffassungen, daß eine kognitive Beeinträchtigung die meisten schizophrenen Phänomene erklären kann, nicht mehr aufrechterhalten (vgl. [1]). Trotz dieser Kritiken hat das Basisstörungskonzept sowohl von Huber wie auch von Süllwold zum besseren Verständnis der Schizophrenie beigetragen, sei dies im Sinne des Zusammenhanges zwischen neurochemischen und neurophysiologischen Bereichen und den schizophrenietypischen Symptomen oder im Sinne der entsprechenden erlebnispsychologischen Darstellungen.

Literatur

1. Brenner HD (1986) Zur Bedeutung von Basisstörungen für Behandlung und Rehabilitation. In: Böker W, Brenner HD (Hrsg) Bewältigung der Schizophrenie. Huber, Bern
2. Broen WE, Storms LH (1966) Lawful disorganisation. The process underlying a schizophrenic syndrome. Psychol Rev 73: 265−279
3. Hodel B (1988) Zur Wirkungsart und zum Wirkungsbereich kognitiver Interventionen in Therapien bei Schizophrenen. Vortrag, gehalten auf dem Workshop „Kognitive Therapieerfahrungen bei Schizophrenen

— Bestandesaufnahme, Kritik und Ausblick". Schloß Reisenburg, 27. Juni – 29. Juni 1988 (Publikation in Vorbereitung)
4. Huber G (1983) Das Konzept substratnaher Basissymptome und seine Bedeutung für Therapie schizophrener Erkrankungen. Nervenarzt 54: 23–32
5. Huber G, Gross G, Schüttler R (1979) Schizophrenie. Springer, Berlin Heidelberg New York
6. Oehman A (1981) Electrodermal activity and vulnerability to schizophrenia: a review. Biol Psychol 12: 87–145
7. Süllwold L (1977) Symptome schizophrener Erkrankungen. Springer, Berlin Heidelberg New York
8. Süllwold L (1983) Schizophrenie. Kohlhammer, Stuttgart
9. Süllwold L, Huber G (1986) Schizophrene Basisstörungen. Springer, Berlin Heidelberg New York Tokio
10. Wing JK (1982) Sozialpsychiatrie. Springer, Berlin Heidelberg New York

Anschrift des Verfassers: Bettina Hodel, lic. phil. der Psychologie, Abteilung für Theoretische und Evaluative Psychiatrie, Psychiatrische Universitätsklinik, Bolligenstraße 111, CH-3072 Bern, Schweiz.

Subjektive und objektive Kriterien zur Beurteilung schizophrener Rückfälle

R. Strobl

Psychiatrische Universitätsklinik und Rehabilitationszentrum der Caritas,
Wien, Österreich

Zusammenfassung

Im vorliegenden Beitrag werden verschiedene Aspekte der Beurteilung von
schizophrenen Rückfällen dargelegt. Dabei wird zwischen der klinischen
und wissenschaftlich-objektivierbaren Beurteilung durch den Arzt, der
laienhaften Beobachtung durch Angehörige sowie der Selbsteinschätzung
des betroffenen, oft krankheitsuneinsichtigen Patienten unterschieden. Außerdem werden „Frühzeichen" eines psychotischen Rezidivs beschrieben,
welche eine rechtzeitige therapeutische Intervention im Sinne der „frühen
Kurzbehandlung" ermöglichen.

Schlüsselwörter: Schizophrenie, Rückfälle, Frühzeichen, Selbstbeurteilung,
Prodrome.

Summary

Relapse in schizophrenics-subjective and objective criteria. The following
report deals with different aspects of schizophrenic relapses. It will be
distinguished between the doctor's, the layman's and the patient's perspective. Early symptoms of a schizophrenic relapse are described, which
might enable early "short intervention".

Keywords: Schizophrenia, relapse, symptoms, self evaluation, prodromal
state.

Nach Helmchen [8] lassen sich die Indikationen einer neuroleptischen Langzeittherapie grundsätzlich in eine remissionsstabilisie-

rende, eine symptomunterdrückende und in eine rezidiv-prophy-
laktische einteilen. Neben der Wirksamkeit der Akutbehandlung
ist auch die der Langzeittherapie in all ihren Anwendungsformen
durch zahlreiche kontrollierte Untersuchungen 3, 19] belegt. Obwohl sich für einen Großteil der Schizophrenen eine neuroleptische
Langzeittherapie als vorteilhaft erwiesen hat [13], benötigen ca.
10−20% der Patienten keine Behandlung, und nur bei ca. 20%
können Rezidive durch diese Therapieform verhindert werden [10].
Bei den verbleibenden 60% der Patienten wird der Rückfall nur
aufgeschoben. Da gerade bei einer Langzeittherapie mit aktuellen
und potentiellen Risiken zu rechnen ist, müssen bei der Indikationsstellung die möglichen Vorteile gegen die schädlichen Begleit-
effekte in dem Sinne abgewogen sein, daß soviel Neuroleptika wie
nötig und so wenig wie möglich verabreicht werden. Neben schwerwiegenden extrapyramidalen Nebenwirkungen ist das Risiko der
Spätdyskinesien − die schätzungsweise zu 6−15% [5, 10] bei
chronisch Schizophrenen vorkommen − in Erwägung zu ziehen.
Darüber hinaus verstärken die Neuroleptika offensichtlich die negativen Symptome der Krankheit [4]. Sie können durch die Ni-
vellierung der Erlebnisfähigkeit dazu beitragen, daß sich die betroffenen Patienten vor der Depressivität, Apathie und Avitalität
in die Wahnwelt oder in den Suicid flüchten. Um die sogenannten
Risikofaktoren von unerwünschten Nebenerscheinungen körperlicher und psychischer Art auf ein Maß zu reduzieren, welches durch
den positiven Effekt auf die Rückfallsprophylaxe aufgewogen wird,
wurden Strategien versucht, die zu einer Einsparung der neuroleptischen Gesamtdosis führen sollten. Kontrollierte Studien [6, 11],
in welchen Standard- mit Niedrigdosierungen verglichen wurden,
zeigten, daß bei solch niedrigen Daten mit keiner Rezidivprophylaxe mehr gerechnet werden kann. Auch die „Neuroleptika-Ferien“
haben nach Tissot [19] als Einsparungsmaßnahme keine wesentlichen Vorteile gebracht. In jüngster Zeit gewinnt eine Strategie
immer größeres Interesse, welche darauf abzielt, früheste Zeichen
eines Rückfalles zu identifizieren und in solchen Perioden unver-
züglich, aber zeitlich begrenzt zu behandeln [7, 2]. Hirsch et al.
[10] fanden in einer kontrollierten Studie Anhaltspunkte dafür,

daß diese „Strategie der frühen Kurzbehandlung" eine signifikant geringere Verabreichung von Neuroleptika ermöglicht, ohne dabei das Rückfallrisiko zu erhöhen. Dieser Behandlungsansatz scheint auch nach den bisherigen Ergebnissen nicht zu einer langfristigen Verschlechterung des klinischen Zustandes zu führen. Voraussetzung einer derartigen Betreuungsstrategie sind allerdings das Krankheitsverständnis und die Kooperation der betroffenen Patienten. Denn gerade die Früherkennung eines psychotischen Rezidivs erfordert neben der Fremdbeurteilung durch den Arzt auch die subjektive Selbsteinschätzung des Patienten. Aber diese Selbstbeurteilung steht bei psychotischen Menschen infolge der Unkorrigierbarkeit ihrer Wahninhalte und dem damit einhergehenden Mangel an Krankheitseinsicht of im krassen Widerspruch zur Beurteilung durch den behandelnden Arzt. Und auch unter Ärzten spielt die jeweilige Sichtweise einer übernommenen Lehrmeinung eine nicht unwesentliche Rolle in der Entscheidung, ob das klinische Erscheinungsbild einer beginnenden Psychose entspricht. Da die psychotische Erlebnisweise ihren größten Ausprägungsgrad in bestimmten Situationen (z. B. Familie, Arbeitsplatz etc.) haben kann, die sich der Beobachtungsmöglichkeit des Arztes entziehen, kommt den Angehörigen und Mitmenschen ebenso eine wichtige Funktion in der Beurteilung eines drohenden bzw. schon beginnenden Rezidivs zu. Diese ist zwar laienhaft, aber oft treffsicher. Es sollen nun die unterschiedlichen Betrachtungsweisen eines schizophrenen Rückfalles dargestellt werden:

1. Fremdbeurteilung

a) wissenschaftlich objektivier- und vergleichbare Erfassung durch den Arzt als Untersucher, welcher an „Meßinstrumente" gebunden ist,
b) klinische Einschätzung durch den behandelnden Arzt,
c) „laienhafte" Beobachtung naher Angehöriger;

2. Selbstbeurteilung

a) anhand von Veränderungen, die im eigenen Erleben registriert werden,

b) anhand von Veränderungen, die an der Kommunikation mit der Umwelt beobachtbar sind.

ad 1 a): Psychotischen Erlebnissen haftet meist der Charakter einer hohen, zum Teil übernatürlichen Bedeutung an, so daß wesentliche Inhalte als persönliches Geheimnis bewahrt bleiben. Ein Arzt, der nicht das volle Vertrauen des Patienten genießt − was ja bei der meist vorhandenen paranoiden Bereitschaft wahrscheinlich ohnehin selten ist −, erhält daher meist die Spitze eines Eisberges als Information. Erfolgt nun die Erfassung eines „psychopathologischen Zustandes", welcher allerdings vom Patienten selbst als ureigenste, intime Erlebnissphäre gesehen wird, von einem „neutralen" Arzt aus, welcher anhand einer Rating-Skala oft mühsam versucht, den vorgegebenen Anleitungen zu entsprechen, so darf es nicht verwundern, daß das Ergebnis wegen seiner Undifferenziertheit zwar reliabel und nach tautologischen Kriterien valide ist, daß aber Wesentliches außer acht gelassen wird.

Die wissenschaftliche Fremdbeurteilung bedient sich meist administrativer Daten, wie etwa der Hospitalisierungsraten, oder erfolgt nach mehr oder weniger willkürlich erstellten Punkteskalen, in welchen höchst artifiziell Schweregrade von Symptomen unter den verschiedensten Aspekten gewichtet werden sowie beliebige Zeitlimits als Kriterium für die Dauer eines Phänomens gesetzt sind. Die schon fast unüberschaubare Anzahl von Erhebungs- und Meßinstrumenten ist ein deutliches Zeichen dafür, wie unbefriedigend die „Psychiatrie der Skalen" für die Erfassung der psychiatrischen Wirklichkeit ist.

Welche Schwierigkeiten kann es allein schon bereiten, den Schweregrad einer akustischen Halluzination zu skalieren! Halluzinationen können von den betroffenen Patienten verschwiegen oder vorgetäuscht werden [15]. Eine akustische Verbalhalluzination kann dem Patienten den Befehl erteilen, nicht über die Stimme zu sprechen. Und selbst wenn Halluzinationen so wiedergegeben werden, wie sie erlebt werden, so ist die klinische Relevanz bzw. der Schweregrad nicht nur von der Häufigkeit und Intensität, sondern auch von der Handlungsrelevanz (z. B. „imperative Stimmen"), von der Aktualität, vom Inhalt (bedrohlich, angenehm) und von den persönlichen Stellungnahmen des Betroffenen dazu abhängig.

Die Miteinbeziehung der subjektiven Einschätzung des Schweregrades in die „objektive" Beurteilung ist bei Halluzinationen auch problematischer als z. B. bei der Quantifizierung von Schmerzen. Halluzinationen stehen ja oft im Zentrum des Erlebnisfeldes und werden als die Wirklichkeit an sich empfunden, so daß nicht die Halluzinationen den Bezug zur Realität stören, sondern die „Realität" als störend gegenüber den halluzinierten Erlebnissen erlebt wird.

Die Beleuchtung dieses Beispieles allein zeigt schon, wie wesentlich der Informationsverlust bei einer skalaren Beurteilung eines einzelnen, dazu noch gut operationalisierbaren Items sein kann. Die Operationalisierung von Skalen sagt noch nichts über deren Validität aus; sie dient lediglich der Verbesserung der Reliabilität [17]. Wenn z. B. ein Untersucher auf die Frage nach Halluzinationen eine klare Antwort „ja" erhält, fördert dies zwar die Interraterreliabilität, hat aber „noch nichts damit zu tun, ob es sich dabei klinisch tatsächlich um Halluzinationen handelt.

Die Problematik in der Beurteilung eines Rückfalles, welcher ja immanent mit dem Auftreten früherer Symptome und deren Gewichtung nach Schweregrad verbunden ist, liegt in der Auswahl des Bezugssystems. Eine „neutrale" Beurteilung einer subjektiven Beschwerde ist schwer möglich. Es ist aber − und dies ist doch ein wesentlicher Fortschritt der Erhebungsinstrumente − eine vergleichbare Beurteilung zu erzielen. Der Schweregrad einer Halluzination ändert sich je nachdem, auf welchen Bereich die Störung bezogen wird. So kann z. B. eine Halluzinose sowohl einen erwünschten, angenehmen wie auch einen bedrohlichen Charakter annehmen. Auch die administrativen Hospitalisierungsraten sind nicht „neutral" zu beurteilen, sondern nur in Beziehung zu anderen Faktoren zu sehen. Gerade durch die Möglichkeit einer extramuralen Betreuung und eines psychosozialen Netzwerkes muß die Hospitalisierung nicht unbedingt in Beziehung zum Schweregrad eines Rückfalles gesehen werden, sondern kann vielmehr von der sozialen Kompetenz und Hilfestellung abhängen.

Rein phänomenologisch ist ein Rückfall durch ein Wiederauftreten bzw. durch eine Aktualisierung von Symptomen zu definieren, welche bei der Erstmanifestation der Erkrankung faßbar werden. Wird ein Rückfall so erfaßt, ist der intraindividuelle Vergleich des Schweregrades und der Dauer von Symptomen als Kriterium geeignet. Dafür würde aber beinahe schon die Aussage des Patienten „mir geht es wieder schlechter" bzw. „ich habe einen Rückfall" (mit subjektiver Einschätzung des Schweregrades) ausreichen. Allerdings ist auch dabei zu berücksichtigen, daß die Bedrohung oder Behinderung durch die gleiche Symptomatik nicht unbedingt vergleichbar sein muß. Selbsterfahrung im Umgang mit der Psychose, Lern- und Gewöhnungseffekte sowie veränderte Hilfsmöglichkeiten lassen dieselbe Symptomatik unter einer anderen, vielleicht nicht mehr als so schwerwiegend eingestuften Beurteilung erscheinen. Die Quantifizierung des Schweregrades eines Rückfalles ist noch am ehesten intraindividuell akzeptabel, wenn die Einschätzung auf der subjektiven Vergleichsmöglichkeit des bereits erfahrenen Patienten beruht. Durch Meßinstrumente kann nicht die Diagnose eines Rückfalles gestellt werden. Die klinische Diagnose eines solchen kann allerdings durch „Skalen" quantifizierbar, replizierbar und auswertungsgerecht gestaltet werden. Durch derartige, immerhin doch interpretierbare Daten werden spekulationsträchtige Hypothesen und klinische Gesamteindrücke zur Überprüfung und Konfrontation gezwungen. Meßinstrumente müssen als ein Hilfsmittel zur Darstellung eines Inhaltes und nicht als Inhalt selbst gesehen werden.

ad 1 b): In der Einschätzung menschlichen Erlebens, Befindens und Verhaltens spielen nonverbale, nur schwer formulierbare Aspekte eine wesentliche Rolle. Der „klinische Blick" entspricht dabei oft unbewußt ablaufenden Verrechnungsvorgängen von unterschiedlichen Gesichtspunkten der Informationsgewinnung, die dann im nachhinein bewußt in die Einzelbausteine zergliedert werden. Auch wenn das „Präcox-Gefühl" nach Rümke [16] vielleicht eine große diagnostische Treffsicherheit im Erfassen der schizophrenen Psychose haben kann, so ist für die Informationsweitergabe eine sprachliche Konkretisierung des amorphen Eindrucks nötig. Aus der Schwierigkeit der sprachlichen Beschreibung psychischer Phänomene resultiert dann die Vielfalt von „Neologismen“ in der psychiatrischen Fachliteratur. Die Aufgliederung eines psychopathologischen Bildes in abgrenzbare Begriffe muß dazu führen, daß die Summe der Einzelphänomene jeweils weniger Information als die Gesamtheit enthält.

Das, was der Arzt im Gespräch mit einem Patienten erfährt, ist zum Teil auch von seiner subjektiven Kommunikationsfähigkeit abhängig. So gelingt es vielen schizophrenen Patienten, wenn sie dem Aktualisierungsdruck ihrer Psychose standhalten können, ihre Symptome zu verheimlichen.

Unter den „blanken“ oder „symptomfreien“ Residualzuständen verbergen sich bei genauerer Kenntnis der Patienten häufig unterschwellig psychotische Inhalte. Ob also ein „Rückfall“ registriert wird oder nicht, hängt daher auch vom „phänomenologischen Schwellenwert“ von Arzt und Patient ab. Dies gilt insbesondere für die Früherkennung eines psychotischen Rezidivs.

Die Früherkennung eines Rezidivs erfolgt im präphänomenologischen Bereich bzw. in einem Zustand, welcher dem Vollbild der Psychose vorausgeht. Aus der klinischen Erfahrung ist bekannt, daß eine bereits ausgesprochene Psychose für den Betroffenen nur in den seltensten Fällen als solche erkennbar bzw. kontrollier- und korrigierbar ist. Früherkennung soll also verhelfen, die Psychose in einem Stadium zu erfassen, in welchem der Patient noch Wahn von Wirklichkeit unterscheiden kann und in welchem er noch fähig ist, medizinische Hilfe aufzusuchen und auch anzunehmen.

Wie zeigt sich nun dieser präpsychotische Zustand dem Patienten, der bereits Vorerfahrung mit seiner Psychose hat, und woran erkennt der behandelnde Arzt dieses Frühstadium?

Anhand einer eigenen Verlaufsbeobachtung an rezidivierenden, paranoid-schizoaffektiven und schizophrenen Psychosen bei Patienten, die im freien bzw. symptomarmen Intervall krankheitseinsichtig waren und die durch mindestens ein Jahr ca. einmal monatlich ambulant untersucht wurden, kristallisierten sich folgende *Vorzeichen eines Rückfalles* heraus:

I. Subjektiv erlebte „*Überwachheit*" mit Reizüberflutung
II. Erweiterte *Wahrnehmungsfähigkeit* und *Assoziationstätigkeit*
III. Erhöhte *Sensitivität* und *Irritierbarkeit* gegenüber Geräuschen, Farben, Atmosphäre, Veränderungen etc.
IV. Selektion der Wahrnehmung nach dem *Gesichtspunkt* der *Ähnlichkeit (Konnotation)*
V. *Desaktualisierungsschwäche* [18, 14]
VI. *Aktualisierung* vergangener psychotischer Inhalte [1]

Diese Verlaufsbeobachtungen zeigten, daß Patienten formale Änderungen eher als krankhaft registrierten als inhaltliche. Durch eine kontinuierliche Verlaufsbeobachtung ist es dem Arzt auch möglich, die Aktualisierung alter psychotischer Inhalte als solche zu erkennen.

Die bewußte Beachtung der genannten Prodromalzeichen hatte bei allen 13 untersuchten Patienten dazu geführt, daß sie rechtzeitig den Arzt aufsuchten. Wenn auch in einem Drittel aller beobachteten Rezidivfälle trotz der frühzeitigen Erkenntnis der volle Ausbruch der Psychose nicht eingedämmt werden konnte, wurden bei den restlichen zwei Drittel aller Rezidive durch die frühe Intervention Erfolge erzielt, die darin bestanden, daß im Vergleich zu früheren Episoden eine geringere Intensität und Dauer sowie eine bessere „Beherrschbarkeit" der Psychose zu registrieren war. Bei doch immerhin acht Patienten kam es zur rechtzeitigen Erkenntnis des Rezidivs und zur effizienten medikamentösen Therapie, welche im Gegensatz zu früher ambulant durchführbar war. Es sei hier betont, daß es sich hiebei um eine klinische Verlaufsbeobachtung anhand von Karteiblättern handelt, welche außer ihrem kasuistischen Wert mangels Meßbarkeit keine Verallgemeinerung im wissenschaftlichen Sinn zuläßt.

ad 1 c): Durch ein langjähriges, oft symbiotisch-überengagiertes Zusammenleben mit den Patienten entwickeln Angehörige häufig eine ausgeprägte Sensibilität gegenüber jeglicher Verhaltensände-

Tabelle 1. Vergleichbare psychopathologische Symptomatik der Patienten im Urteil der Angehörigen und der Psychiater [12]

	Psychiater (%) N = 70	Angehörige (%) N = 70
Sorgen	87,1	47,2
Verminderter Antrieb	77,1	55,7
Depression	70,0	47,1
Soziale Zurückgezogenheit	67,1	41,5
Wahnideen	80,0	34,3
Reizbarkeit	52,9	34,3
Rastlosigkeit	17,1	31,4
Selbstvernachlässigung	20,0	38,6
Suchtverhalten	5,7	5,7
Aggressivität	20,0	20,0
Verlangsamung	71,4	47,1
Gewalttätigkeit	20,0	20,0

rung. So ist für viele Angehörige die Aktualisierung alter psychotischer Inhalte meist ein untrügliches Zeichen für einen drohenden Rückfall. Beispielsweise erkannte eine Mutter ein Rezidiv ihres kranken Sohnes daran, daß er aufhörte, Fleisch zu essen. Würde man nicht den psychotischen Hintergrund dieses Verhaltens kennen − imperative Stimmen bei einem religiösen Wahn −, müßte man der Aussage des Patienten Glauben schenken, daß die Mutter ihn jedesmal, wenn er kein Fleisch essen wolle, für krank halte. Die „Überwachheit" erleben die Angehörigen an dem hektischen, unruhig-aktiven Verhalten. Während der betroffene Patient darüber froh ist, endlich wieder aktiv und kreativ zu sein, sehen Angehörige diese Aktivität schon als Beginn der nächsten Psychose. In diesem Sinne beklagte eine dieser Patientinnen ihr Schicksal: „Immer, wenn ich aus meiner Dämpfung herauskomme und aktiv werde, werde ich psychotisch!" Die Desaktualisierungsschwäche wird von Angehörigen ebenfalls auf Befragen bemerkt: „Wenn mein Sohn sich verschlechtert, darf z. B. kein Besuch zu mir nach Hause kommen.

Dies regt ihn so auf, daß er zwei Nächte nicht schlafen kann." Insbesondere Müttern fällt als „Frühzeichen" die Regression in ein kindliches Verhalten auf.

In einer eigenen Untersuchung über die Belastung von Angehörigen schizophrener Patienten zeigt sich, daß Angehörige seltener psychopathologische Auffälligkeiten feststellten als die betreuenden Psychiater [12]. Angehörigen fallen eher Rastlosigkeit, Selbstvernachlässigung, Depression, verminderter Antrieb, d. h. also Verhaltensstörungen, als inhaltliche Symptome wie z. B. Wahnideen auf (siehe Tabelle 1). Nach Herz [9] erkennen Angehörige die Zeichen eines Rezidivs häufiger als die betroffenen Patienten.

ad 2 a): Ein Großteil psychotischer Menschen registriert den psychotischen Rückfall entweder gar nicht oder erst nach dessen Abklingen [9]. Die psychotische Erlebnis- und Wahrnehmungsweise wird gegenüber der trivialen oft als höherwertig eingestuft. Selbst die Krankheitseinsicht im freien Intervall kann durch eine floride Psychose ausgelöscht werden. Das psychotische Erleben kann jegliche Vorerfahrung in den Hintergrund schieben. Gerade deshalb ist es so wichtig, daß ein Patient seine Psychose im Anfangsstadium, in welchem sie noch nicht so wirksam ist, erkennt und behandeln läßt. Trotz ausreichender Erkenntnis kann aber das „Nicht-wahrhaben-Wollen" eines neuerlichen Rückfalles zu einem verspäteten Reagieren führen. Die angeführten Prodromalzeichen formaler Art − wie die Desaktualisierungsschwäche, das Überwiegen von Ähnlichkeiten („alles paßt zusammen"), die intensivere Wahrnehmungs- und Erlebnisqualität etc. − können vom Patienten selbst registriert werden.

So schilderte eine Patientin sehr bildhaft, wie sie an der Zunahme von Ähnlichkeiten erkannte, daß sie sich „im Zug der Psychose" befand, von dem sie dann gerade noch rechtzeitig abspringen konnte.

ad 2 b): Selbst wenn Halluzinationen oder wahnhafte Erlebnisse als intraindividuelle Veränderung gegenüber dem „symptomfreien" Normalzustand registriert werden, so bedeutet dies noch nicht, daß sie als krankhaft erkannt werden — dies insbesondere dann, wenn sie eine „übernatürliche" Erlebnisqualität haben. Patienten lernen im Laufe ihrer Krankheitsgeschichte häufig, daß ihre „Wahrheit" von der Umgebung als solche verkannt und als Krankheit, die medikamentös zu korrigieren ist, eingestuft wird. Die daraus resultierende „Scheinheilung" ergibt sich dann aus dem Kompromiß der „doppelten" Buchführung. In diesem Fall merkt der an sich krankheitsuneinsichtige, aber sozial reflektierende Patient seinen Rückfall an der Reaktion der Umwelt. Dieser Reaktionsweise entspricht ein Beispiel einer Patientin, die sich an ihren Arzt mit den Worten wandte: „Herr Doktor, ich werde wieder von ihnen und ihren Mitarbeitern verfolgt! Soll ich mehr Haldol nehmen?"

Literatur

1. Berner P, Strobl R (1988) Einflüsse auf den Verlauf schizophrener Psychosen. In: Olbrich RK (Hrsg) Prospektive Verlaufsforschung in der Psychiatrie. Springer, Berlin Heidelberg New York Tokio, S 21 – 39
2. Carpenter WT, Heinrichs DW (1983) Early intervention, time-limited, targeted pharmaco-therapy of schizophrenia. Schizophr Bull 9: 533 – 542
3. Davis J, Janicak, P, Linden R, Moloney J, Pavkovic I (1983) Neuroleptics and psychiatric disorders. In: Coyle JT, Enna SJ (eds) Neuroleptics: neurochemical, behavioral and clinical perspectives. Raven Press, New York
4. Falloon I, Watt DC, Shepard M (1978) The social outcome of patients in a trial of long-term continuation therapy in schizophrenia: pimozide versus flurhenazine. Psychol Med 8: 265 – 274
5. Fann WE, Davis JM, Janowsky DS (1972) The prevalence of tardive dyskinesia in mental hospital patients. Dis Nerv Syst 33: 182 – 186
6. Goldstein MJ, Rodnick EH, Evans JR, May PRA, Steinberg MR (1978) Drug and family therapy in the aftercare of acute schizophrenics. Arch Gen Psychiatry 35: 1169 – 1177
7. Hansell N (1979) Approaching long-term neuroleptic treatment of schizophrenia. J Am Med Assoc 242: 1293 – 1294
8. Helmchen (1979) Neuroleptische Langzeitmedikation in der Praxis. Monatskurse Ärztl Fortbildung 29: 800 – 801
9. Herz MI, Melville CH (1980) Relapse in schizophrenia. Am J Psychiatry 137: 801 – 805

10. Hirsch SR, Jolley AG, Machanda R, McRink A (1986) Frühzeitige medikamentöse Intervention als Alternative zur Depot-Dauermedikation in der Schizophreniebehandlung. In: Böker W, Brenner HD (Hrsg) Bewältigung der Schizophrenie. Huber, Bern Stuttgart Toronto, S 62 – 71

11. Kane JM, Rifkin A, Woerner MM, Reardon G, Sarantakos S, Schiebel D, Ramos-Lorenzi J (1983) Low dose neuroleptic treatment of outpatient schizophrenics. I. Preliminary results for relaps rates. Arch Gen Psychiatry 40: 893 – 896

12. Katschnig H, Strobl R, Riedl-Bodenhofer H, Konieczna T, Eichberger G, Schöny W (1984) Die Belastung der Familie durch einen an Schizophrenie erkrankten Angehörigen. Österr Forschungsgemeinschaft, Projekt Nr 04/0010

13. Lydiard RB, Carman JS, Gold MS (1984) Antipsychotics: predicting response/maximizing efficacy. In: Gold MS, Lyddiard BR, Carman JS (eds) Advances in psychopharmacology: predicting and improving treatment response. CRC Press, Boca Raton, Florida

14. Janzarik W (1983) Basisstörungen. Nervenarzt 54: 122 – 130

15. Rosenhand L (1973) On being sane in insane place. Science 179: 250 – 258

16. Rümke HC (1942) Das Kernsymptom der Schizophrenie und das „Praecox-Gefühl". Zentralbl Ges Neurol Psychiatrie 102: 161 – 169

17. Scharfetter C (1987) Definition, Abgrenzung, Geschichte. In: Kisker KP, Lauter H, Meyer JE, Müller C, Strömgren E (Hrsg) Psychiatrie der Gegenwart, Bd 4. Schizophrenien. Springer, Berlin Heidelberg New York Tokio, S 1 – 29

18. Strobl R (1988) Die Desaktualisierungsschwäche und ihre Beziehung zur produktiv-psychotischen Symptomatik. Nervenarzt 59: 465 – 470

19. Tissot R (1982) Treatment au long cours des patients atteints de schizophrenie. Psychiatrie Fr 13 (4): 9 – 128

Anschrift des Verfassers: Prim. Dr. R. Strobl, Rehabilitationszentrum der Caritas Wien, Braungasse 41, A-1170 Wien, Österreich.

Schizophrenie: Phänomenologie und therapierelevante Modelle

F. Resch

Universitätsklinik für Neuropsychiatrie des Kindes- und Jugendalters, Wien, Österreich

Zusammenfassung

Ausgehend von einem therapieorientierten Standpunkt werden die Welterwartungen und Daseinspositionen psychotischer Patienten expliziert.

In Erkenntnis der strukturellen Ähnlichkeiten zwischen kindlichem und schizophrenem Denken wird der Konkretismus als Charakteristikum schizophrener Psychopathologie formuliert: als eine ontologische Regression kognitiver Funktionen auf die ontogenetisch älteste aktionale Repräsentationsform.

Psychotherapeutische Therapieansätze werden anhand eines individualpsychologisch formulierten Beziehungsmodells dargestellt.

Schlüsselwörter: Schizophrenie, Psychopathologie, Psychotherapie.

Summary

Schizophrenia: phenomenology and therapy-relevant models. Schizophrenic interpretations of life and existence will be explicated in a structural framework directing therapeutic attention to a new form of comprehension of psychotic thinking. A structural similarity between psychotic and childish thinking will be pointed out. Concretism will be presented as a crucial feature of schizophrenic psychopathology: an ontological regression of cognitive functioning to the "actional level" of cognitive representation.

Psychotherapeutic possibilities will be described in the light of an individualpsychological model of therapeutic relationship.

Keywords: Schizophrenia, psychopathology, psychotherapy.

Einleitung

Die Erkrankungen des schizophrenen Formenkreises bleiben hinsichtlich Art und Entstehung, ebenso wie im Hinblick auf die vermutete psychobiologische Dysfunktion, Gegenstand kontroversieller Auffassungen. Das Spektrum reicht von Erklärungen, die angeborene oder intrauterin erworbene Strukturdefizite des Gehirns (z. B. in paralimbischen Regionen [5]) für die Schizophrenie als ursächliche Bedingungen ansehen, bis zu Veröffentlichungen, die die Schizophrenie als Krankheit überhaupt in Frage stellen [18].

In den letzten Jahren haben sich multidimensionale Erklärungsmodelle von integrativem Charakter durchsetzen können, welche viele der bekannten Befunde bei schizophrenen Patienten auf psychologsicher, ichpsychologischer und sozialer Ebene in eine Zusammenschau zu bringen vermögen. Als Vulnerabilitätsmodelle sind diese Erklärungskonstrukte für die Schizophreniegenese international anerkannt [6, 7, 19].

Ausgehend von einem therapieorientierten Standpunkt wurde jedoch immer wieder über alle nosologischen Festlegungen hinaus betont, daß die klinischen Symptome der Patienten nicht nur Ausdruck einer Defizienz sind, sondern Ausdruck einer Auseinandersetzung der Seele mit einer intrinsischen Störung [1, 3]. Tiefenpsychologisch orientierte Autoren hatten wiederholt seit Freud auf eine mögliche Psychodynamik im Rahmen schizophrener Gedankengänge hingewiesen [1, 9]. Aber auch die daseinsanalytischen Schulen betonten den Aspekt des verstehbaren schizophrenen „In-der-Welt-Seins" [4, 14].

Das schizophrene Dasein stellt als Flucht oder Sturz aus der gemeinsamen Realität (Hauptrealität [11]) ebenfalls eine eigene Realität dar (Nebenrealität [11]), die aus dem soziokulturellen Kontext, aus der ökonomischen Organisation und der Art der Strukturierung von Bedeutungen im Lichte der momentanen Bewußtseinslage des Betroffenen prinzipiell verstehbar und einfühlbar ist.

Diesen Standpunkt möchte eine empathische Psychopathologie einnehmen, die sich auch der Prinzipien der klassischen Phänomenologie nach Jaspers bedient [10]. Dabei soll klarwerden, daß die Symptome der Patienten nicht nur auf kognitiv-affektive Defizite schließen lassen, sondern auch als Entzügelungen reichhaltiger kreativer Lebensäußerungen und Aktivitäten zu sehen sind. Ziel ist es, durch das Erkennbarmachen einer psychotischen Denkstruktur das Fühlen und Denken des Patienten nicht nur als andersartig, fremd und krank zu erkennen, sondern den Patienten in seiner leidenden Existenz, in seinem Kampf um innere Ordnung zu verstehen. Schließlich soll es dem Therapeuten möglich sein, zwischen der Realität des Patienten und der allgemeinen Realität eine Brücke zu schlagen, die von beiden Seiten begehbar ist; auf diese Weise wäre eine psychotherapeutische Unterstützung des Patienten mit schizophrener Symptomatik nicht nur möglich, sondern auch notwendig und sinnvoll.

Explikation der Daseinspositionen [15]

Bei der Analyse der Gedankenwelt psychotischer Patienten können folgende basale Welterwartungen und Weltvorstellungen gefunden werden:

1. Die magische Welterwartung. Diese geht davon aus, daß in der Welt kein Zufall herrscht, sondern daß hinter allem ein übergeordneter, schwer enträtselbarer Sinngehalt zu finden ist. Das heißt, die Grundannahme, daß hinter den Dingen ein zentraler, integraler Determinismus wirksam ist, herrscht vor.

2. Die animistische Welterwartung geht davon aus, daß die Welt der Objekte beseelt ist, daß Dinge menschliche Eigenschaften, Gefühle und Fähigkeiten besitzen. Quasi als Antipode zu dieser Welterwartung besteht

3. die Tendenz einer Verdinglichung menschlicher Lebensweisen und Lebensäußerungen. Diese Verdinglichung führt zu einer teils überabstrakten, als Gefühlskälte mißverstandenen Haltung der Patienten.

4. Es ist schließlich eine egozentrische Welterwartung zu erkennen: Typisch für den schizophrenen Patienten ist immer, daß er im Zentrum der Ereignisse steht, daß sich alles um ihn dreht und

auf ihn Bezug nimmt. Gerade vor Ausbrüchen akuter psychotischer Episoden kann das Gefühl, daß alles den Patienten angehe, daß er an allem möglichen beteiligt sei und mitverantwortlich gemacht werden könne und daß er immer mehr in das Zentrum des Allgemeingeschehens um ihn her hineingezogen werde, immer wieder beobachtet werden. Der Patient selbst steht, ob als Verfolgter oder als Erlöser, immer im Zentrum des Geschehens. Der psychodynamische Aspekt des Eingebettetseins und für die anderen Menschen trotz Außerordentlichkeit und Einsamkeit Wichtig-Seins spielt hier eine augenfällige Rolle.

Hinter diesen Welterwartungen liegt ein erweitertes und gesteigertes Bedeutungsbewußtsein (Apophänie [8]). Diese Apophänie ist das Erlebnis einer Evidenz, die keiner Hinterfragung bedarf und einen Wechsel des Standpunktes, eine Überstiegsfähigkeit, das heißt eine zunehmende Abstrahierung oder Distanzierung vom Erlebten unmöglich macht. Dieses Bedeutungsbewußtsein, das sich in einer innigen Verschränkung mit den Wahrnehmungen des Patienten befindet, muß klar von den Interpretationen, die hieraus resultieren, unterschieden werden.

Schizophrener Konkretismus [17]

Vergleicht man die hier beschriebenen Phänomene mit Arbeiten über die Struktur des neolithischen Denkens [12] und Arbeiten über die Entwicklung des Denkens und die Bedeutungsentwicklung beim Kind [13], so läßt sich in Übereinstimmung folgendes festhalten: Zwischen den psychotischen Welterwartungen und Bedeutungskategorien, dem neolithischen Denken und dem kindlichen Denken in der präoperationalen Stufe bestehen interessante partielle Isomorphien, die einen inneren Zusammenhang im Hinblick auf eine strukturelle Ähnlichkeit nahelegen, wenn auch der Schluß einer generellen Übereinstimmung zwischen psychotischem, kindlichem oder primitivem Denken zu oberflächlich und daher falsch wäre.

In Erkenntnis der strukturellen Ähnlichkeit zwischen kindlichem und schizophrenem Denken wurde anhand der Analyse typisch schizophrener Handlungs- und Ausdrucksweisen der Konkretismus als Charakteristikum schizophrener Psychopathologie gefunden [17]. Der schizophrene Konkretismus, der sich phänomenologisch als wahrnehmungsnahe Denk- und Erlebnisform äußert, die dazu führt, daß Begriffe nicht in ihrer übertragenen Bedeutung, sondern in ihrer Grundbedeutung angenommen werden und daß metaphorische Bilder ihren Als-ob-Charakter verlieren und real erlebt werden, kann vom entwicklungspsychologischen Standpunkt als eine ontologische Regression der kognitiven Funktionen auf ein früheres Entwicklungsniveau verstanden werden, wobei eine Regression der kognitiven Funktion auf die älteste aktionale Repräsentationsform anzunehmen ist. Dies soll nicht heißen, daß Schizophrene wie Kinder seien, sondern daß bei Schizophrenen unter gewissen Bedingungen frühkindliche Denkstrukturen und kognitive Repräsentationsmodi entzügelt werden. Als typische Beispiele seien angegeben: Ein Patient behandelt seine Denkstörung, indem er ausschließlich Milch trinkt. Er ist der Auffassung, daß es ihm guttut, die Milch der frommen Denkungsart zu genießen. Eine Patientin beklagt sich über die Herzlosigkeit ihrer Mutter: „Sie hat einen Herzfehler und sollte zum Arzt gehen." Eine andere Patientin beschreibt ihre intelligente, aber gefühlskalte Mutter folgendermaßen: „Meine Mutter ist wie Ein-Stein".

Durch das Erkennen der Gesetzmäßigkeiten des Konkretismus werden vorerst fremdartig anmutende Denk- und Verhaltensweisen des Patienten verständlich. Es ist möglich, aus den Worten des Patienten oder aus seinem Verhalten die dahinterliegende Idee auf der höheren Abstraktionsebene zu erkennen und zu übersetzen. Wird der Patient dann mit dieser Idee konfrontiert, fühlt er sich verstanden [15, 17].

Therapieansätze

Wie ist nun die Entstehung psychopathologischer Symptome nach dem Streß-Vulnerabilitätskonzept zu verstehen? Das Streß-Phänomen führt reaktiv im psychobiologischen Organismus zu einer neurovegetativen Imbalance, mit zentraler Hyperarousal und einer Störung im Informationsverarbeitungssystem. Als Folge davon kommt es erstens zu einer Störung des Schlaf-Wach-Rhythmus mit vegetativer Labilisierung, zweitens zu Veränderungen der Wahrnehmungsaktivität mit Wahrnehmungsstörungen und drittens zu einer ontologischen Regression der kognitiven Funktionen im Sinne des Konkretismus. Quasi als Resultante im Wechselspiel zwischen dysfunktionalen Prozessen und entzügelten, ontologisch älteren affektiv-kognitiven Prozessen wäre die psychotische Symptomatik zu interpretieren. Da in jeder Psychose immer ein bestimmtes Ausmaß an psychosozialer Belastung, bestimmte kognitiv-affektive Anforderungen bzw. Überforderungen und neurovegetative Vorgänge zum Tragen kommen, ist aus therapeutischer Sicht eine Integration von medikamentösen, sozialtherapeutischen und psychotherapeutischen Aktivitäten zu postulieren [6], wobei der Patient in seiner existentiellen Tragik, in seinem Ringen um persönliche Ordnung im Zentrum der therapeutischen Entscheidungen stehen muß [1, 3]. Und dabei genügt es nicht, ein therapeutisch optimales Milieu zu erzeugen, möglichst viel Hilfe von seiten verschiedener Mitglieder eines therapeutischen Teams zu rekrutieren bzw. eine begleitende, stützende Betreuung der Eltern durchzuführen, denn all diese löblichen Aktivitäten ersetzen nicht die individuelle Beziehungserfahrung zu einer zentralen Bezugsperson, die konstant und definiert innerhalb klarer Grenzen für den Patienten zur Verfügung steht. Dies ist für Adoleszentenpsychosen wie auch für chronisch psychotische Patienten gleichermaßen gültig. Basis psychotherapeutischer Bemühungen ist die Etablierung eines Vertrauensverhältnisses, die Voraussetzungen hiefür liegen in der Möglichkeit eines gegenseitigen Verständnisses. Im Fall der akuten Psychose erlebt der Patient Sicherheit im Chaos durch eine stützende Identifikationsmöglichkeit. Konstanz und ein klares Nähe-Distanz-Verhältnis sind wichtige Kriterien dieser therapeutischen Beziehung. Als Modellvorstellung für den Zugang zu Patienten mit einer Psychose könnte das Beziehungsmodell, das die therapeutische Beziehung im Sinne einer mütterlichen „holding function" interpretiert und auf der Basis einer Therapie von Persönlichkeitsentwicklungsstörungen nach Spiel etabliert wurde, dienlich sein [16].

Unter einer psychotherapeutischen Betreuung ist das Abklingen der Symptome (das heißt die Desaktualisierung der psychotischen Erlebnisweisen) gleichzeitig mit einem neuen Verständnis für deren Entstehung auf seiten des Patienten verknüpft. Außerdem ist eine verbesserte Akzeptanz des Gesamtbehandlungsplanes und des Managements im Sinne einer verbesserten Kooperation des Patienten zu erzielen. Zwei Aufgaben der psychotherapeutischen Betreuung sollen nun im speziellen ausgeführt werden:

1. Der Patient soll erkennen, zwischen Wahrnehmungen und primären affektiven Gewißheiten einerseits (z. B. Stimmen oder Verfolgungsgefühl) und persönlichen Erklärungen, Interpretationen und Deutungen andererseits (z. B. eingebauter Sender oder Telepathie) zu unterscheiden. Denn nur die Erklärung, nur der interpretative Anteil am Wahn ist auch uminterpretierbar, z. B. durch eine plausiblere Erklärung. Das primäre Erlebnis jedoch ist nicht uminterpretierbar. Wer an der Wahrhaftigkeit des Erlebens des Patienten von vornherein zweifelt, wird in der Vertrauensbeziehung zum Patienten letztlich scheitern. Dies heißt jedoch nicht, daß man den Patienten in all seinen persönlichen Erlebnisweisen rechtgeben muß, man kann und soll plausibel machen, aus welchen Erlebnisweisen man selbst die eigene Weltvorstellung gewinnt. Eine Desaktualisierung der primären Gewißheit und psychotischen Wahrnehmungen bleibt im wesentlichen der antipsychotischen Medikation vorbehalten.
Frische Wahnsysteme sind meistens noch unorganisiert und eignen sich daher zu einer psychotherapeutischen Aufarbeitung. Es erscheint empfehlenswert, bereits im Stadium der Adoleszenzpsychose psychotherapeutisch Uminterpretationen von Wahnphänomenen in Angriff zu nehmen, damit nicht der Patient durch kontinuierliche eigene Wahnarbeit schließlich ein logisch organisiertes, zementiertes System aufbaut, das sich einer Beeinflussungsmöglichkeit nunmehr weitgehend entzieht.
2. In zweiter Linie wird der Patient schließlich erarbeiten, was sein persönliches Erleben ist und was ein mit anderen teilbares Erleben darstellt. Das Konzept von Haupt- und Nebenrealität [11] ist hiezu hilfreich. Der Patient soll schließlich erlernen, was aus

seiner eigenen Phantasie entspringt und was an Erlebnissen er
mit anderen in der gemeinsamen Realität teilen kann. Ziel ist
es, eine Verbesserung der Kommunikabilität zu erreichen. Dies
kann z. B. durch Konfrontation der persönlichen Realität mit
der allgemein verbindlichen Realität geschehen. Es ist dies aber
nur anhand einer Bezugsperson möglich, die selbst als Maßstab
akzeptiert wird, das heißt, die Realitätsverbesserung kann nur
über Beziehungserfahrung gehen. Als Beispiele seien genannt:
eine Desaktualisierung von Generalisierungen, wenn man z. B.
einem Patienten, der vermeint, daß alle ihn verfolgen, nachweisen kann, daß es doch Menschen gibt, die in diesem System
nicht inkludiert sind und daß zumindest die therapeutische Beziehung aus dieser Gewißheit ausgeklammert ist. Eine Erschüt-
terung der Gewißheit z. B. beim Gedankenlautwerden kann auch
dadurch erreicht werden, indem man versucht, die Annahme
des Patienten auszuprobieren („Können Sie so denken, daß ich
es auch verstehe?“). Schließlich kann man bei Wahnsymptomen,
die bereits fester gefügt und systematisiert sind, eine Juxtapo-
sition fördern, indem man z. B. einem Patienten bewußt macht,
daß die Verfolgung gefahrlos ist und für ihn keine physischen
Folgen hat.

Auf der sozialpsychiatrischen Therapieebene kann man im Sinne
einer Beratung dem Patienten einen besseren Umgang mit seinem
Alltagsstreß vermitteln. Es ist notwendig, dem Patienten bessere
Coping-Mechanismen an die Hand zu geben. Folgende Fragen
werden berührt: Was sind Streßsituationen, die besonders über-
fordernd sind, und wie geht man diesen Situationen aus dem Weg?
Welche Ausweichstrategien, anders als den Rückzug, gibt es? Wie
kann man sich des sozialen Netzes bedienen?
In diesem Zusammenhang ist es ein wesentliches Ziel, das soziale
Netz des Patienten zu vergrößern, und zwar nicht nur durch die
Vermehrung von Betreuungsangeboten, sondern auch durch aktive
Verbesserung der sozialen Fertigkeiten. Hier können übende Verfahren zur besseren Selbstbehauptung im Alltag zum Einsatz kom-
men. Die Erarbeitung eines sozialen Decorums, die Übung not-

wendiger Fertigkeiten zur Alltagskommunikation und die Vermittlung von Einsichten, welche der interaktionellen Verhaltensmuster des Patienten dysfunktional sind, können im Rahmen gruppentherapeutischer Sitzungen erfolgen.

Zusammenfassend lassen sich die psychotherapeutischen Bemühungen folgendermaßen auf einen Nenner bringen: als Stärkung der intrinsischen Fähigkeiten der Persönlichkeit des Patienten und Verbesserung der Realitätskontrolle auf Basis einer Beziehungserfahrung, die die Konfrontation des Patienten mit seinen eigenen Nebenrealitäten erlaubt. Ziel der Behandlung ist es, mit dem Patienten gemeinsam eine Rückkehr in die Hauptrealität möglich zu machen. Der Patient selbst soll diese Rückkehr als sinnvoll erachten und damit seine Strategie des aktiven Rückzugs aus der gemeinsamen Welt aufgeben.

Literatur

1. Amon G (1975) Psychotherapie der Psychosen. Kindler, München
2. Arieti S (1974) Interpretation of schizophrenia. Basic Books, New York
3. Benedetti G (1987) Psychotherapeutische Behandlungsmethoden. In: Kisker K, et al (Hrsg) Psychiatrie der Gegenwart, Bd 4. Schizophrenie. Springer, Berlin Heidelberg New York Tokio
4. Binswanger L (1957) Schizophrenie. Neske, Pfullingen Tübingen
5. Bogerts B, Wurthmann C, Piroth H (1987) Hirnsubstanzdefizit mit paralimbischem und limbischem Schwerpunkt im CT Schizophrener. Nervenarzt 58: 97–106
6. Ciompi L (1982) Affektlogik. Klett-Cotta, Stuttgart
7. Ciompi L (1985) Eine Hypothese und ihre therapeutischen Konsequenzen. In: Stierlin H, et al (Hrsg) Psychotherapie und Sozialtherapie der Schizophrenie. Springer, Berlin Heidelberg New York Tokyo
8. Conrad K (1987) Die beginnende Schizophrenie. Versuch einer Gestaltanalyse des Wahns. G Thieme, Stuttgart New York
9. Federn P (1978) Ichpsychologie und die Psychosen. Suhrkamp, Frankfurt a M
10. Jaspers K (1973) Allgemeine Psychopathologie, 9. unveränderte Ausgabe. Springer, Berlin Heidelberg New York
11. Lemp R (1986) Schizophrene Erkrankungen, ein pathogenetisches Mosaik. In: Nissen G (Hrsg) Psychiatrie des Jugendalters. Huber, Bern Stuttgart Toronto

12. Levi-Strauss C (1973) Das wilde Denken. Suhrkamp, Frankfurt a M
13. Piaget J (1988) Das Weltbild des Kindes. DTV/Klett-Cotta, München
14. Rattner J (1976) Wirklichkeit und Wahn. Fischer, Frankfurt a M
15. Resch F, Oppolzer A (1988) Zur Phänomenologie des psychotischen Denkens. Fundam Psych 2: 114–117
16. Spiel W (1988) Dissozialität und Verwahrlosung. Ideengeschichtliche Überlegungen. Acta Pädopsych 51: 5–17
17. Strobl R, Resch F (1988) Der schizophrene Konkretismus. Nervenarzt 59: 99–102
18. Szasz T (1987) Insanity. The idea and its consequences. Wiley, New York Toronto
19. Zubin J, Spring B (1977) Vulnerability: a new view of schizophrenia. J Abnorm Psychol 86: 103–123

Anschrift des Verfassers: Dr. F. Resch, Universitätsklinik für Neuropsychiatrie des Kindes- und Jugendalters, Währinger Gürtel 18-20, A-1090 Wien, Österreich.

Kombinationstherapie mit Neuroleptika und Carbamazepin. Eine kontrollierte Studie

M. Mair, I. Tschapeller und **H. Schubert**

Landes-Nervenkrankenhaus Hall/Tirol, Österreich

Zusammenfassung

In einer kontrollierten Studie an Patienten mit akuter Schizophrenie wurde die klinische Wirksamkeit der Neuroleptika Haldol und Clozapin über 35 Tage geprüft. Nach fünf Tagen Behandlungsdauer wurde bei jenen Patienten, bei denen keine Besserung des psychotischen Zustandsbildes auftrat, Carbamazepin in einer Dosierung von 600 mg täglich zugesetzt. In der statistischen Auswertung der Ergebnisse zeigte sich, daß die Kombinationstherapie mit Carbamazepin die klinische Wirksamkeit eines Standardneuroleptikums nicht entscheidend verbessern kann.

Schlüsselwörter: Schizophrenie, Kombinationstherapie, Neuroleptika, Carbamazepin.

Summary

Combined treatment with neuroleptics and carbamazepin. A controlled study.
The clinical efficacy of the neuroleptics Haldol and Clozapine was studied in patients with acute schizophrenia, in a controlled trial lasting 35 days. Patients, whose psychotic state failed to show improvement after treatment for five days, received in addition 600 mg carbamazepine daily. Statistical analysis of the results showed that combination with carbamazepine does not improve the clinical efficacy of a standard neuroleptic to any marked extent.

Keywords: Schizophrenia, combined treatment, neuroleptics, carbamazepin.

Einleitung

Nach Entdeckung der antipsychotischen Wirksamkeit des Chlorpromazins 1952 gilt die Behandlung mit Neuroleptika in der modernen Psychiatrie als Standardtherapie akuter Psychosen.

Es wurde inzwischen eine große Zahl unterschiedlicher Neuroleptika entwickelt, wobei sich bei diesen Fällen im klinischen Bereich besonders die Butyrophenone und das Clozapin durchsetzten.

Die bis dahin weitverbreitete Elektroschock-Therapie wurde durch die meist deutliche therapeutische Überlegenheit der Neuroleptika weitgehend abgelöst. Trotzdem verbleibt häufig eine Gruppe von Schizophrenien, die ungenügend auf eine neuroleptische Therapie anspricht, besonders hinsichtlich der Symptome „Unruhe und Erregung", aber auch in bezug auf die produktive Symptomatik [29].

Es wurde daher intensiv nach neuen Behandlungsstrategien geforscht. Dabei rückten zunehmend die Antiepileptika, insbesondere das Carbamazepin, in den Mittelpunkt des Interesses.

Schon seit langem ist es bekannt, daß bei Epilepsiepatienten durch den Einfluß von Carbamazepin nicht nur eine Besserung des Anfallsleidens, sondern auch eine günstige Beeinflussung von Verhaltensstörungen und Aggressionszuständen eintritt [6, 7, 20].

Der in den letzten Jahren zudem bekanntgewordene antimanische [10, 23, 27, 30] und phasenprophylaktische Effekt [1, 4, 8, 15, 18, 24, 25, 28] bei affektiven Erkrankungen gab Anstoß zu weiteren Untersuchungen von Carbamazepin an psychotischen, insbesondere schizophrenen Patienten, welche keine Epilepsiehinweise boten und in vielen Fällen auch keinerlei EEG-Veränderungen aufwiesen [3, 13, 19, 34]. Es wurde dabei zumeist eine Kombinationstherapie mit Neuroleptika durchgeführt [12, 16, 19, 34]. Dabei kam es in zahlreichen Fällen zu signifikanten Besserungen bisher häufig therapieresistenter Aggressionszustände [3, 4, 8, 22, 23]. In einer Untersuchung von Klein et al. [17] konnten sogar deutliche Besserungen schizophrener Basisstörungen, wie zum Beispiel der Denkstörungen, nachgewiesen werden.

Lediglich in einer Arbeit von Stevens et al. [32] wurde über Verschlechterungen akut psychotischer Patienten bei Kombinationstherapie von Carbamazepin mit hochdosierten Neuroleptika berichtet. Es kam dabei zum Auftreten psychotischer, organischer und aggressiver Symptome.

Da die Untersuchungsergebnisse jedoch zum überwiegenden Teil sehr günstig ausfielen, wurde in der vorliegenden Untersuchung eine Kombinationstherapie von Neuroleptika und Carbamazepin bei akut psychotischen Patienten durchgeführt, welche unzureichend auf eine Neuroleptika-Monotherapie ansprachen. Aufgrund der unterschiedlichen Wirkprofile wurden dabei als Neuroleptika Haloperidol und Clozapin gegenübergestellt.

Methodik

Die Untersuchung wurde an 40 weiblichen Patienten des Landes-Nervenkrankenhauses Hall in Tirol, die 1987 stationär aufgenommen wurden, durchgeführt.

Es wurden ausschließlich Patienten mit Erkrankungen aus dem schizophrenen Formenkreis einbezogen, deren Schweregrad der Erkrankung eine neuroleptische Therapie erforderte. Der einzige signifikante Unterschied, mit dem U-Test geprüft, fand sich zwischen den einzelnen Patientengruppen „Haloperidol-Kontrolle" gegen „Haloperidol + Carbamazepin" im Item „Aufenthaltsdauer in Wochen".

Als Einschlußkriterium galten ein BPRS-Score von mindestens 30 sowie ein CGI-Score von mindestens 4 (entspricht „mittelschwer krank"). Es handelte sich sowohl um Erstmanifestationen als auch um Exacerbationen schizophrener Erkrankungen.

Patientinnen mit bestehender Phasenprophylaxe in bezug auf eine schizoaffektive Psychose wurden aus der Untersuchung ausgeschlossen. Die Patientinnen wurden unter offenen Bedingungen zufallsverteilt mit Haloperidol oder Clozapin behandelt. Die Anfangsdosis betrug 25 – 50 mg Haloperidol bzw. 300 mg Clozapin (parenteral bis zum fünften Behandlungstag, anschließend oral).

Die Dosierung wurde im weiteren Verlauf der Untersuchung der klinischen Erfordernis angepaßt.

Als Zusatzmedikation wurde ausschließlich Diazepam bis zu einer maximalen Dosis von 30 mg verwendet, Biperiden wurde nur bei Auftreten schwerer extrapyramidaler Begleiterscheinungen in einer Dosierung von 2 – 6 mg eingesetzt.

Tabelle 1. Patientenbeschreibung

	Haldol ohne Zusatz von Carbamazepin	Clozapin	Haldol +	Clozapin +	Haldol K	Clozapin K
Fallzahl	13	12	7	6	5	5
Alter $\bar{x}$	41,6	37,7	43,6	30,8	38,6	36,2
Diagnose	295.3 = 9 295.4 = 2 295.7 = 2	295.3 = 11 295.7 = 1	295.3 = 5 295.7 = 2	295.3 = 5 295.4 = 1	295.3 = 5	295.3 = 5
Aufenthalts- dauer/Wochen $\bar{x}$	31,3	23,9	22,0	29,5	49,8	23,6
Anzahl der Voraufnahmen $\bar{x}$	4,2	6,3	5,7	6,2	4,6	8,6

Tabelle 2. Untersuchungsgang

	0	5	10	21	35
EEG	×				(×)
Somat. Untersuchung	×				×
EKG	×		×		×
Labor	×		×		×
CGI	×	×	×	×	×
BPRS	×	×	×	×	×
FSUCL	×		×		×
Webster		×	×		×
Plasmaspiegel					
(Haloperidol, Clozapin)			×		×
Carbamazepinspiegel			×		×

Trat nach fünf Tagen Behandlungsdauer keine Besserung des psychotischen Zustandsbildes auf, wurde wiederum nach einer Zufallsverteilung der Hälfte der betreffenden Patientinnen Carbamazepin in einer Dosierung von 600 mg verabreicht. Dies war bei sechs Patientinnen in der Clozapin-, bei sieben Patientinnen in der Haloperidolgruppe der Fall.

Die Beurteilung des psychopathologischen Befundes erfolgte mittels der BPRS-Skala [11, 26], der Schweregrad der Erkrankung mit der CGI-Skala [11], jeweils vor Beginn der Behandlung sowie an den Tagen 5, 10, 21 und 35. Zur Erfassung extrapyramidal motorischer Nebenwirkungen wurde die Webster-Ratingskala [9] verwendet, weitere Begleiterscheinungen wurden mittels der FSUCL [5] dokumentiert. Eine ausführliche somatische Untersuchung erfolgte jeweils zu Beginn und am Ende der Behandlung, die Messung der Vitalparameter (Blutdruck, Puls) an allen Behandlungstagen. Vor Behandlungsbeginn, am Tag 10 und bei Behandlungsabbruch wurden Routinelaboruntersuchungen sowie ein EKG durchgeführt. Zur Kontrolle der Compliance erfolgte an den Tagen 5, 10 und nach Beendigung der Behandlung eine Plasmaspiegelbestimmung des betreffenden Neuroleptikums, der Carbamazepin-Spiegel wurde zehn Tage nach erstmaliger Verabreichung kontrolliert. Ein Übersicht über den Untersuchungsplan zeigt Tabelle 2.

Ergebnisse

1. Vergleich der beiden Gruppen

a) Besserungsgrad: Den globalen Verlauf, anhand der CGI dargestellt, zeigt Abb. 1.

M. Mair et al.

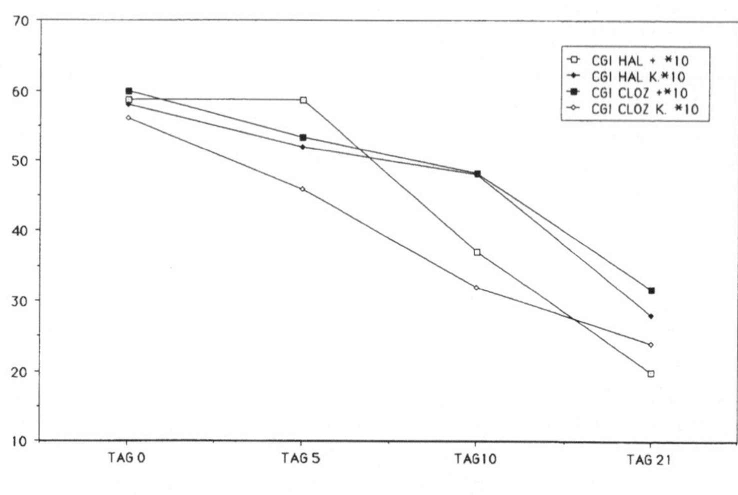

Abb. 1. Verlauf des CGI bei allen vier Gruppen

Tabelle 3. Therapie und Besserung

	Therapie	Besserung
1	Haloperidol + Carbamazepin	
2	Clozapin	
3	Haloperidol	
4	Clozapin + Carbamazepin	

Tabelle 4. Ergebnisse der Wilcoxon-Wilcox-Tests der CGI-Scores

Substanz	Zeitpunkte					
	0 vs. 5	0 vs. 10	0 vs. 21	5 vs. 10	5 vs. 21	10 vs. 21
Haloperidol +		× ×	× ×		× ×	
Clozapin +		× ×	× ×			
Haloperidol			× ×			
Clozapin						

× × = p < 0,01

Zur Feststellung statistisch signifikanter Unterschiede zwischen den einzelnen Gruppen am jeweiligen Untersuchungszeitpunkt wurden der H- und der U-Test verwendet [31].

Zu keinem Untersuchungszeitpunkt konnte ein solcher Unterschied gefunden werden. Dies ist wohl auf die geringe Stichprobenanzahl zurückzuführen.

Deskriptiv sowie klinisch kann der Besserungsgrad durch die vier verschiedenen Medikationsarten in folgender Reihenfolge dargestellt werden.

Die Unterschiede zwischen den einzelnen Untersuchungszeitpunkten wurden mit Hilfe des Wilcoxon-Wilcox-Tests für abhängige Stichproben [31] geprüft. In diesem Testverfahren bestätigt sich die oben genannte Reihenfolge.

So zeigt sich allein bei der Gruppe Haloperidol + Carbamazepin eine signifikante Besserung zwischen dem Tag 5 und dem Tag 21. Bei Haloperidol allein war die Besserung nur zwischen Tag 0 und Tag 21 signifikant, Clozapin allein zeigte eine Besserung im Vergleich zum ersten Untersuchungszeitpunkt für den Tag 10 und 21, während bei Clozapin und Carbamazepin keine signifikante Besserung erreicht wurde.

b) Nebenwirkungen: Die FSUCL dient der Erfassung somatischer Symptome von Erkrankungen und unerwünschter Effekte von Be-

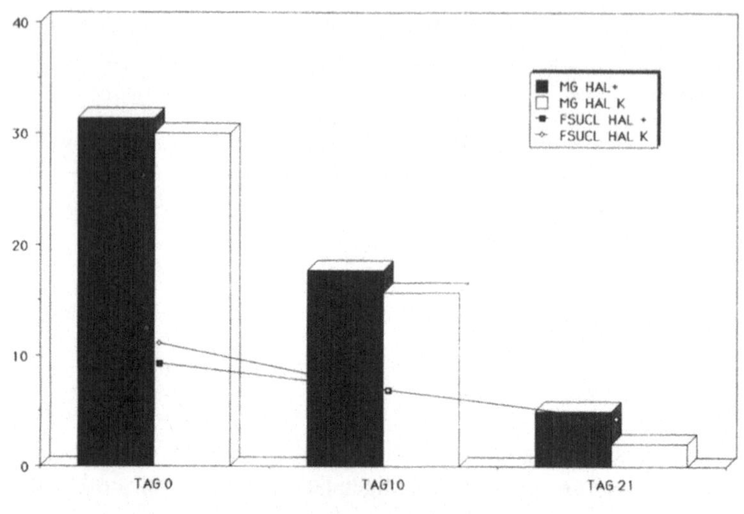

Abb. 2. Haloperidolgruppe: Nebenwirkungen (FSUCL)

handlungsverfahren. Mit dem Gesamtscore kann deren Schweregrad im Zeitverlauf generell erfaßt werden [5].

Die Nebenwirkungen der Haloperidolgruppe zeigt Abb. 2.

Im Gesamtscore konnten keine signifikanten Unterschiede im
U- und H-Test sowie im Wilcoxon-Wilcox-Test gefunden werden.
Anders stellt sich das Bild bei der Clozapingruppe dar (Abb. 3).

Hier ist ein statistisch fast signifikanter Unterschied (U-Test
$p < 0,1$) am Tag 21 festzustellen. Insgesamt gesehen waren die
somatischen Nebenwirkungen aller vier Gruppen gering.

Extrapyramidale Nebenwirkungen: Der Schweregrad der extrapyramidalen Störungen (EPMS) wurde mit Hilfe der Webster-Skala
[9] untersucht. In der Abb. 5 zeigt sich, daß entgegen den Erwar-
tungen Haloperidol + Carbamazepin mehr extrapyramidale Nebenwirkungen zeigt als Haloperidol allein.

Der Unterschied ist jedoch statistisch nicht signifikant und kann

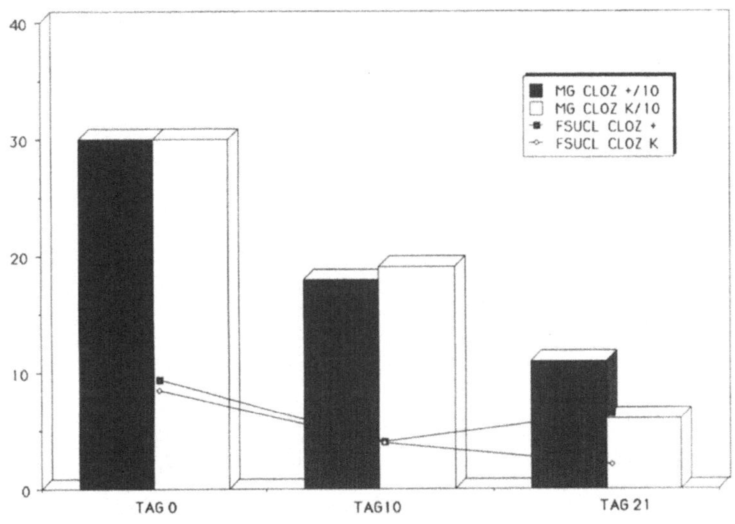

Abb. 3. Clozapingruppe: Nebenwirkungen (FSUCL)

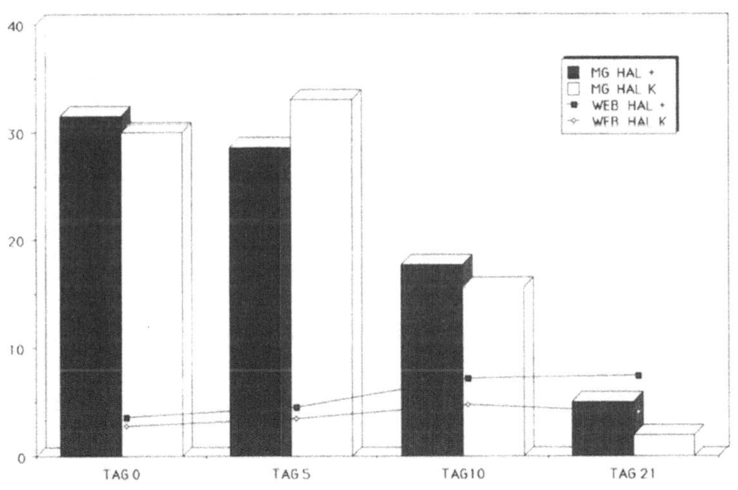

Abb. 4. Haloperidolgruppe: Dosierung und EPMS (Webster)

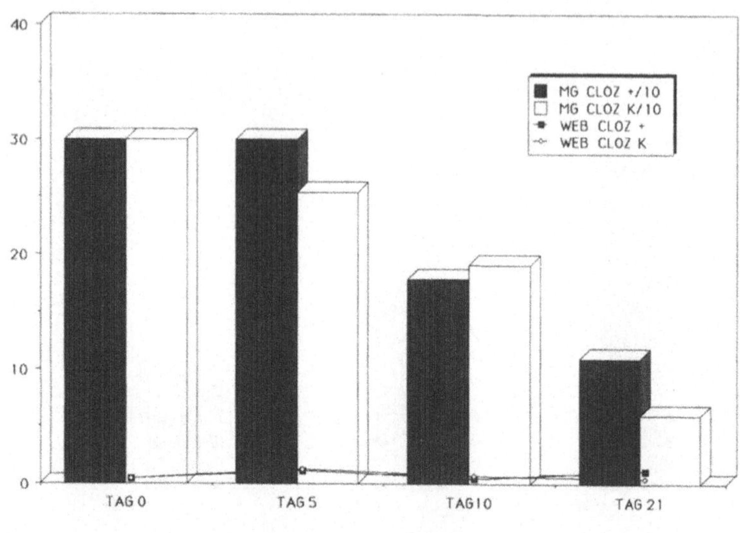

Abb. 5. Clozapingruppe: Dosierung und EPMS (Webster)

auch für die Tage 10 und 21 mit der höheren Menge Haloperidol in Zusammenhang gebracht werden.

Erwartungsgemäß zeigte die Clozapingruppe mit und ohne Carbamazepin kaum extrapyramidale Nebenwirkungen (Abb. 5).

Es fanden sich auch keine Unterschiede und Ausbildungsgrade der EPMS und kein Zusammenhang mit der verabreichten Dosis.

2. Vergleich von Haloperidol mit und ohne Carbamazepin

Den Dosisverlauf und den BPRS-Score zeigt Abb. 6.

Es fällt auf, daß am Tag 10 und am Tag 21 mehr Haloperidol in der Haloperidol + Carbamazepingruppe verwendet wurde als in der Haloperidolgruppe allein. Der BPRS-Gesamtscore verlief parallel zum CGI-Score. Da mehr Haloperidol in der Gruppe mit Carbamazepin verwendet wurde, kann daraus keine therapeutische Überlegenheit des Zusatzes von Carbamazepin zu Haloperidol gegenüber Haloperidol allein abgeleitet werden.

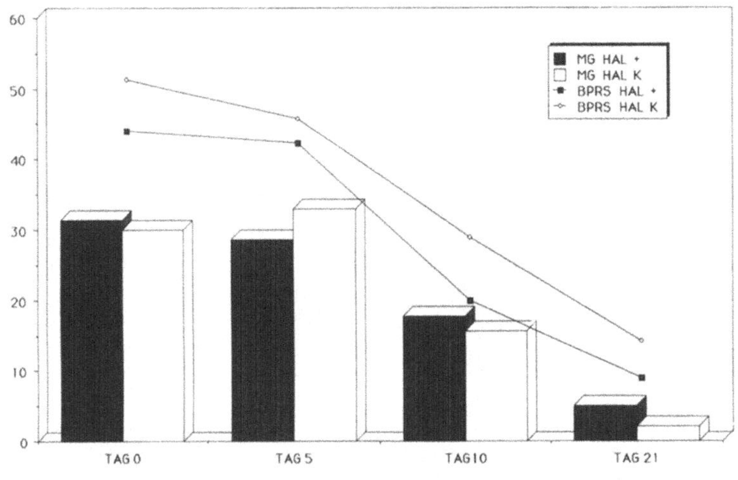

Abb. 6. Verlauf der Haloperidolgruppe

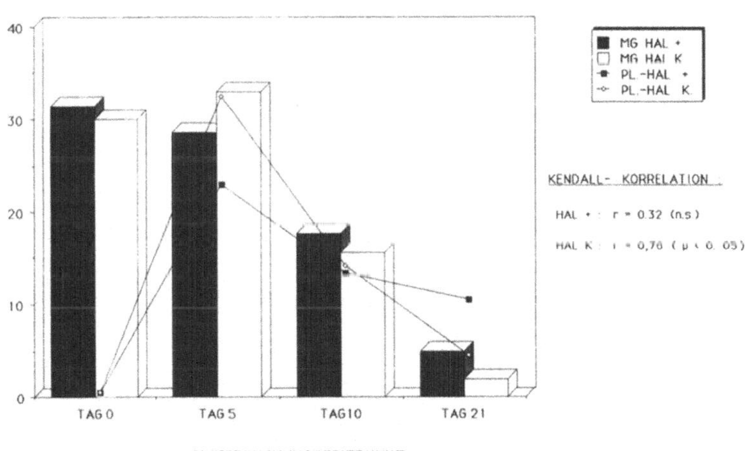

Abb. 7. Haloperidolgruppe: Dosierung und Plasmaspiegel

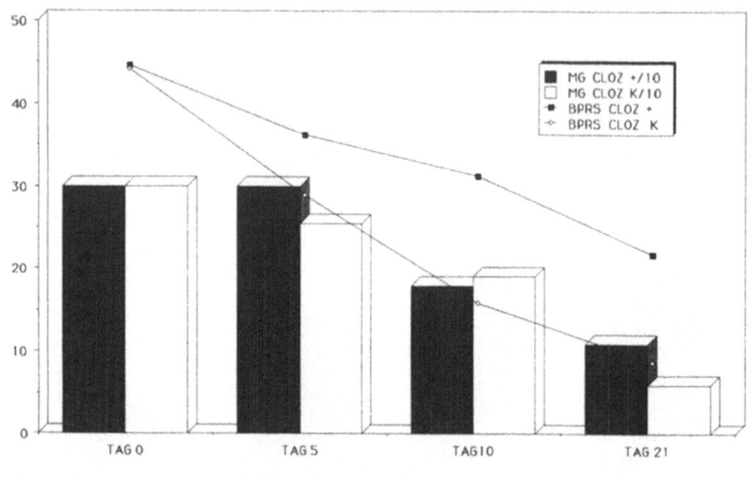

Abb. 8. Verlauf der Clozapingruppe

Dieses Ergebnis zeigt sich auch in den Plasmaspiegeluntersuchungen. Auch hier war der Plasmaspiegel von Haloperidol am Tag 21 signifikant höher als unter Carbamazepin.

3. Vergleich von Clozapin mit und ohne Carbamazepin

Hier zeigt sich im Verlauf der Dosierung und im Verlauf der BPRS eine deutliche Überlegenheit von Clozapin allein versus Clozapin + Carbamazepin. Am Tag 21 wurde fast die Hälfte mehr Clozapin gebraucht als in der Kontrollgruppe.

Im Wilcoxon-Wilcox zeigte sich beim BPRS-Gesamtscore das gleiche Bild wie beim CGI.

Nur im U-Test zeigten sich an den Tagen 10 und 21 am 5%-Niveau signifikante Unterschiede zugunsten der Kontrollgruppe.

Die Ergebnisse der Plasmaspiegelunterschiede relativieren auch hier die Aussage: Die Plasmakonzentration der Kontrollgruppe war am Tag 21 signifikant höher als die der Clozapingruppe.

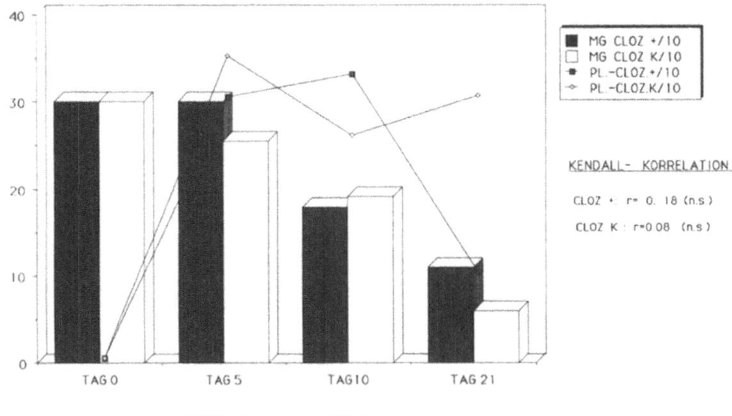

Abb. 9. Clozapingruppe: Dosierung und Plasmaspiegel

Es verwundert allerdings, daß bei oraler Medikation von 300
(resp. 120) mg pro Tag die Plasmaspiegel der Clozapinkontroll-
gruppe immer um 300 ml lagen. Hier mögen Meßfehler eine Rolle
gespielt haben.

Zusammenfassung und Diskussion

Zusammenfassend kann gesagt werden, daß die Kombination der
beiden Standard-Neuroleptika mit Carbamazepin die darin gesetzten Hoffnungen nicht erfüllt hat. Dies trifft besonders für die
Kombination von Clozapin mit Carbamazepin zu.

Trotz der kleinen Stichprobe spricht auch der klinische Eindruck
dafür: Die Patienten waren zwar gedämpft, jedoch innerlich un-
ruhig, und der Untersucher konnte sich des „Gefühls der Orga-
nizität" [33] nicht erwehren. Die Ergebnisse bei der Kombination
von Haloperidol mit Carbamazepin zeigten ein anderes Bild: Hier
schnitt die Kombinationstherapie besser ab als Haloperidol allein.

Die Unterschiede in der verabreichten Haloperidolmenge rei-
chen von klinischer Seite nicht aus, um die Besserung zu erklären,
und stehen im Widerspruch zur Plasmakonzentration des Medikaments. In diesem Zusammenhang sei jedoch auf die Arbeit von
Jann et al. [14] verwiesen, die eine Erniedrigung des Haloperidol-

Plasmaspiegels unter Zusatz von Carbamazepin ohne Verschlechterung des klinischen Zustandsbildes beschreibt.

Zusammenfassend kann gesagt werden, daß eine weitere Untersuchung der Problemstellung „Antiepileptika als Adjuvans einer Neuroleptikatherapie bei geringem Ansprechen auf eine Standardmedikation" sich auf das Standard-Neuroleptikum reduzieren sollte.

Die Ergebnisse zeigen auch, daß Carbamazepin nicht den gewünschten Erfolg zeitigte und auch die Nebenwirkungsrate unter dieser Substanz sehr hoch war.

Es fragt sich, ob die anderen Antiepileptika, z. B. Natrium-Valproat, in derselben Versuchsanordnung mit Haloperidol untersucht werden sollten. Unsere Ergebnisse weisen darauf hin, daß von der Kombination Clozapin mit Carbamazepin abzuraten ist.

Literatur

1. Ballenger JC, Post RM (1978) Therapeutic effects of carbamazepine in affective illness: a preliminary report. Commun Psychopharmacol 2: 159−178
2. Ballenger JC, Post RM (1980) Carbamazepine in manic depressive illness: a new treatment. Am J Psychiatry 137: 782−790
3. Ballenger JC, Post RM (1984) Carbamazepine in alcohol withdrawal syndroms and schizophrenic psychoses. Psychopharmacol Bull 20 (3): 572−584
4. Ballenger JC, Post RM (1985) Anticonvulsants in psychiatric disease − when are they effective? Drug Ther 10: 156−158
5. CIPS (Collegium Internationale Psychiatriae Scalarum) (1986) Internationale Skalen für Psychiatrie. Beltz, Weinheim
6. Dalby MA (1975) Behavioral effects of carbamazepine. In: Penry JR, Daly DD (eds) Complex partial seizures. Raven Press, New York, pp 331−333 (Advances in neurology, vol 2)
7. Dalby MA (1975) Antiepileptic and psychotropic effects of carbamazepine (Tegretol) in the treatment of psychomotor epilepsy. Epilepsia 12: 325−334
8. Emrich HM, Stoll KD, Müller AA (1984) Guidelines for the use of carbamazepine and of valproate in the prophylaxis of affective disorders. In: Emrich HM, Okuma T, Müller AA (eds) Anticonvulsants in affective disorders. Amsterdam, Excerpta Medica, pp 211−214

9. Gerstenbrand F, Grünberger J, Schubert H (1973) Quantitative Testmethoden zur Objektivierung des Effekts einer L-Dopa-Langzeittherapie beim Parkinson-Syndrom. Nervenarzt 44: 428 – 433

10. Goncalves N, Stoll KD (1985) Carbamazepine bei manischen Syndromen. Nervenarzt 56: 43 – 47

11. Guy W (1976) ECDEU assessment manual for psychopharmacology. National Institute of Mental Health. Rev Ed Rockville, Maryland, p 217

12. Hakola HPA, Laulumåa VA (1982) Carbamazepine in the treatment of violent schizophrenics. Lancet i: 1358

13. Hakola HPA, Laulumåa VA (1984) Carbamazepine in violent schizophrenics. In: Emrich HM, Okuma T, Müller AA (eds) Anticonvulsants in affective discorders. Excerpta Medica, Amsterdam

14. Jann MW, et al (1985) Effects of carbamazepine on plasma haloperidol. Clin Psychopharmacol 5 (2): 106 – 109

15. Kishimoto A (1984) A follow-up prophylactic study of carbamazepine in affective disorders. In: Emrich HM, Okuma T, Müller AA (eds) Anticonvulsants in affective disorders. Excerpta Medica, Amsterdam, pp 88 – 92

16. Klein E, Bental E, Lerer B, et al (1983) Carbamazepine and haloperidol versus placebo and haloperidol in excited psychosis. Arch Gen Psychiatry 41: 165 – 170

17. Klein E, Bental E, Lerer B, Belmaker RH (1984) Combination of carbamazepine and haloperidol in excited psychosis a controlled study. Arch Gen Psychiatry 41 (2): 165 – 170

18. Lerer B (1985) Alternative therapies for bipolar disorder. J Clin Psychiatry 46: 309 – 316

19. Luchins DJ (1984) Carbamazepine in violent nonepileptic schizophrenics. Psychopharmacol Bull 20 (3): 569 – 571

20. Marjerrison G, Jedlicki SM, Keogh RP, et al (1968) Carbamazepine: behavioral, anticonvulsant and EEG effects in chronically hospitalized epileptics. Dis Nerv Syst 29: 133 – 136

21. May PRA (1968) Treatment of schizophrenia. Science House, New York

22. Neppe VM (1982) Carbamazepine in psychiatric patients. Lancet ii: 334

23. Okuma T, Inanaga K, Otsuki S, et al (1979) Comparison of the antimanic efficacy of carbamazepine and chlorpromazine: a double-blind controlled study. Psychopharmacology 66: 211 – 217

24. Okuma T, Inanaga K, Otsuki S, et al (1981) A preliminary double blind study of the efficacy of carbamazepine in the prophylaxis of manic depressive illness. Psychopharmacology 73: 95 – 96

25. Okuma T (1984) Therapeutic and prophylactic efficacy of carbamazepine in manic depressive psychoses. In: Emrich HM, Okuma T, Müller AA (eds) Anticonvulsants in affective disorders. Excerpta Medica, Amsterdam, pp 76−87
26. Overall J, Gorham D (1962) The brief psychiatric rating scale. Psychol Rep 10: 799−812
27. Post RM (1982) Carbamazepine's acute and prophylactic effects in manic and depressive illness: an update. In: Ayd FJ (ed) International drug therapy newsletter, vol 17. Numbers 2 and 3
28. Post RM, Uhde TW (1985) Carbamazepine in bipolar illness. Psychopharmacol Bull 21 (1): 10−17
29. Rifkin A, Siris S (1987) Drug treatment of acute schizophrenia. In: Meltzer H (ed) Psychopharmacology: the third generation of progress. Raven Press, New York
30. Schulte RM, Kriese J (1984) Carbamazepine − Ergänzung, Erweiterung und Alternative der therapeutischen Möglichkeiten bei affektiven Psychosen. Med Welt 35: 906−909
31. Siegel S (1956) Nonparametric statistics for the behavioral sciences. McGraw-Hill, New York
32. Stevens JR, Bigelow L, et al (1979) Telemetered EEG-EOG during psychotic behaviors of schizophrenia. Arch Gen Psychiatry 36: 251−262
33. Walther-Büel H (1965) Die Gefühlsqualität „organisch" in der psychiatrischen Diagnostik (Beitrag zur Frage der organischen Wesensänderung). In: Walther-Büel H, Spoerr Th (Hrsg) Zur Psychiatrie hirnorganischer Störungen. Aktuelle Fragen der Psychiatrie und Neurologie, Bd 2 (Bibliotheca Psychiatrica et Neurologica, Fasc 127). Karger, Basel New York
34. Yassa R, Dupont D (1983) Carbamazepine in the treatment of aggressive behavior in schizophrenic patients: a case report. Can J Psychiatry 28: 566−568

Anschrift der Verfasser: Dr. M. Mair, Landes-Nervenkrankenhaus Hall, A-6060 Hall in Tirol, Österreich.

Haldolmonitoring zur Optimierung der Therapie Schizophrener*

K. Meszaros, G. Schönbeck, A. Bugnar, H. Aschauer, W. Sieghart, G. Koinig und **G. Langer**

Psychiatrische Universitätsklinik, Wien, Österreich

Zusammenfassung

Durch die Neuroleptika (NL) wurden in den letzten drei Jahrzehnten große Fortschritte in der Behandlung schizophrener Patienten erzielt. Trotz der allen NL gemeinsamen antipsychotischen und rückfallprophylaktischen Wirkung finden sich sehr häufig Patienten, die nur ungenügend auf die NL-Therapie ansprechen bzw. unter den während der Therapie auftretenden unerwünschten Wirkungen der NL leiden.

Eine Möglichkeit, die Therapie schizophrener Patienten zu optimieren, stellt die Bestimmung des NL-Plasmaspiegels dar. In einer eigenen Untersuchung [1] konnte gezeigt werden, daß für Haloperidol (Hal) ein Plasmaspiegelbereich von 16 – 27 ng/ml signifikant mit gutem Behandlungserfolg verbunden war.

Im Rahmen des vorliegenden Programms wurde versucht, dieses „therapeutische Fenster" von Hal in der klinischen Routine anzuwenden. Hal-behandelte Patienten (n = 632), die auf die Therapie nur mangelhaft angesprochen hatten, wurden in unser Behandlungsprogramm aufgenommen. Die Anwendung von Hal für unser Monitoring erfolgte aus folgenden Gründen: 1. Bei Hal handelt es sich um ein Standard-NL mit wenigen psychoaktiv wirksamen Metaboliten; 2. Hal weist günstige pharmakokinetische Eigenschaften auf; 3. der Hal-Plasmaspiegel läßt sich mit verhältnismäßig einfachen Labormethoden bestimmen; 4. es findet sich eine Beziehung zwischen Hal-Plasmaspiegel und therapeutsicher Wirkung. Nach der Bestimmung des Hal-Plasmaspiegels und der klinischen Evaluation des Patienten wurde eine unverbindliche Therapieempfehlung an den

---

* Dieses Projekt wurde vom Verein für Psychobiologische Grundlagenforschung, Wien, unterstützt.

behandelnden Arzt abgegeben. Bei einem Teil der Patienten konnte Follow-up-Information (inklusive einem oder mehrerer Hal-Plasmaspiegel) eingeholt werden. Nach der vorliegenden Zwischenanalyse kam es bei Patienten, bei welchen eine Dosisanpassung durchgeführt wurde, zu einer signifikanten Verbesserung des psychopathologischen Zustandes.

Schlüsselwörter: Neuroleptika-Nonresponder, Neuroleptika-Nebenwirkungen, therapeutisches Fenster, Haloperidol-Plasmaspiegelmessung.

Summary

Haloperidolmonitoring for optimizing treatment of schizophrenics. Neuroleptics (NL) contribute largely to progress in treatment of schizophrenic patients during the last three decades. Despite their undoubted efficacy in normalising psychotic symptomatology and their ability to prevent relapse, many patients do not respond sufficiently and suffer from neuroleptic side-effects.

One possibility to optimize neuroleptic treatment will be by considering plasma levels in addition to dose. In a previous study [1] it could be shown that a plasma level of haloperidol (Hal) in a certain range (16 − 27 ng/ml) was associated with favourable therapeutic outcome and little or no side-effects.

The aim of this project was both to apply and to test our previously defined "therapeutic window" of Hal in daily clinical routine. Inpatients and outpatients (n = 632) who showed poor therapeutic response to conventional dose of Hal were included. Hal has been used for plasma level monitoring because of the following reasons: 1. Hal is a standard NL which has few active metabolites; 2. Hal has a predictable pharmacokinetic; 3. simplicity of drug assay; 4. association between Hal plasma level and therapeutic effects. After measurement of Hal plasma level and clinical evaluation of the patient, a treatment plan was offered to the treating psychiatrist. Follow up information (including one or more further Hal plasma levels) was available from a proportion of patients in whom this recommandation was implemented. It turned out, that the NL dose adjustment based on the Hal plasma level offered a significant therapeutic advantage to such patients.

Keywords: Neuroleptic non-responders, neuroleptic side-effects, therapeutic window, haloperidol plasma level measurement.

Einleitung

Mit der Einführung des Chlorpromazins vor nun mehr als 30 Jahren wurde die Pharmakotherapie schizophrener Personen begründet

[8]. In der Zwischenzeit wurde eine Reihe weiterer Verbindungen mit unterschiedlicher chemischer Struktur, jedoch mit ähnlichen therapeutisch erwünschten Wirkungen in die Therapie eingeführt. Allen diesen Substanzen gemeinsam ist einerseits die antipsychotische Wirkung, andererseits das Auftreten unerwünschter Wirkungen, insbesondere von neurologischen Symptomen in Form von extrapyramidal-motorischen Störungen (EPS).

Neben den unbestreitbaren Vorteilen, die Neuroleptika in der Akutbehandlung schizophrener Patienten bringen (z. B. Verkürzung der stationären Aufenthaltsdauer, Möglichkeit der ambulanten Behandlung von Psychosen), sind gerade in den letzten Jahren verstärkt die Nachteile dieser Therapieform untersucht und hervorgehoben worden. Auch in der Rückfallprophylaxe schizophrener Psychosen werden Neuroleptika erfolgreich eingesetzt; die Patienten können damit allerdings nicht vollständig vor Rückfällen geschützt werden (etwa 20% erleiden auch unter Neuroleptika-Langzeitgabe einen Rückfall [7]); eine sorgfältige Abwägung von Nutzen und möglichen Risken scheint hierbei besonders wichtig (Tabelle 1).

Besondere Aufmerksamkeit wurde in den letzten Jahren in der internationalen Literatur der Spätdyskinesie gewidmet. Ihre Inzidenz korreliert mit der Höhe der „Neuroleptika-Gesamtlebensdosis" (gesamte je eingenommene Neuroleptika-Dosis) und der Neuroleptika-Gesamtbehandlungsdauer [12]. Nach Kane [13] beträgt die Prävalenz für diese Neuroleptika-Spätnebenwirkung 15 − 20%. Es handelt sich dabei um eine motorische Störung, die die Lebensqualität des Erkrankten deutlich vermindert.

Tabelle 1. Nutzen und Risken einer Neuroleptika-Langzeitgabe

Nutzen:	*Risken:*
− Rezidivprophylaxe	− Nebenwirkungen wie bei
− Erhaltungstherapie	Neuroleptika-Akuttherapie
(Remissionsstabilisierung,	− Pharmakogene Depression
Symptomunterdrückung)	Gewichtszunahme
	− Spätdyskinesie

Ein Problem der medikamentösen Therapie schizophrener Patienten ist die unzureichende Vorhersagbarkeit der optimalen Neuroleptika-Dosis für den einzelnen Patienten. Nach pharmakologischen Gesichtspunkten ist die Dosis des Neuroleptikums nur ein unzuverlässiges Maß für die Konzentration des Neuroleptikums am Wirkort — entsprechend der Dopamin-Hypothese der Neuroleptika-Wirkung — am Dopamin-Rezeptor. Ein exakteres Maß hierfür stellt die Blutspiegelkonzentration des Neuroleptikums dar. Aufgrund interindividuell unterschiedlicher Metabolisierung des Neuroleptikums kann es nach Verabreichung einer Standarddosis sowohl zu hohem (und damit zu einem Überwiegen therapeutisch unerwünschter oder „kontra-therapeutischer" Wirkungen) als auch zu niedrigem (und damit fehlender therapeutischer Wirksamkeit) Blutplasmaspiegel kommen. Andere Faktoren, wie der Zeitfaktor (unterschiedliche Latenz von der Medikamenteneinnahme bis zum Eintritt einer psychopathologischen Besserung) und psychosoziale Faktoren, erschweren ebenfalls die interindividuell optimal wirksame Dosisfindung.

Ein Faktor, nämlich die pharmakokinetische Variabilität des Neuroleptikums Haloperidol, konnte im Rahmen unseres Monitorings kontrolliert werden. In der Literatur finden sich widersprüchliche Angaben über die Nützlichkeit und Anwendbarkeit von Blutspiegeluntersuchungen bei Neuroleptika. Es bestehen geteilte Meinungen darüber, ob, ähnlich dem Lithium oder den Antiepileptika, auch für Neuroleptika ein therapeutisch optimal wirksamer Plasmaspiegelbereich („therapeutisches Fenster") vorhanden ist; nicht alle Untersucher konnten einen solchen Bereich finden [2, 3, 4, 5, 11, 15, 19, 23, 25]. Bei jenen Autoren, die für das Neuroleptikum Haloperidol ein „therapeutisches Fenster" fanden, zeigten sich unterschiedliche Bereiche für den optimal wirksamen Haloperidol-Plasmaspiegel (zwischen 2 und 40 ng/ml; [6, 9, 10, 16, 17, 18, 21, 22, 24]).

Anders als bei Lithium, den Antiepileptika oder den Antiarhythmika, bei welchen zu geringe bzw. zu hohe Blutplasmaspiegel sich unmittelbar an fehlender therapeutischer Wirksamkeit bzw. am Auftreten toxischer Wirkungen (= Nebenwirkungen) zeigen,

Tabelle 2. Methodische Fehler, die die Definition einer Beziehung zwischen Neuroleptika-Plasmaspiegel und optimal therapeutischer Wirkung erschweren

Allgemeine methodische Fehler:	*Spezielle methodische Fehler:*
− Fehler in chemischer Analyse − Nichtbeachten des „steady state" − Psychoaktive Metaboliten − Zusatzmedikation − Fehlen adäquater statistischer Modelle	− Fehlen einfacher Dosiswirkbeziehungen − Fehlende Spezifität der antipsychotischen Wirkung der Neuroleptika (Spontanremission und Placeboeffekt können therapeutische Wirkung phänokopieren) − Probleme bei Messung der psychischen Störung

bestehen derzeit noch aus methodischen Gründen Schwierigkeiten, eine allgemeingültige Beziehung zwischen Neuroleptika-Plasmaspiegel und optimal therapeutischer Wirkung zu definieren (Tabelle 2).

Eine erste eigene Untersuchung des Zusammenhanges von Haloperidol-Plasmaspiegel (im Vergleich zur Dosis) und der therapeutischen Besserung (gemessen durch BPRS-Gesamtscore unter 32) bei stationären schizophrenen Patienten zeigte eine signifikante Besserung des psychopathologischen Zustandes, wenn der Haloperidol-Plasmaspiegel innerhalb eines Bereiches von $16-27$ ng/ml lag. Ein solches „therapeutisches Fenster" konnte jedoch *nicht* für einen bestimmten Dosisbereich gefunden werden [1]. Basierend auf den Ergebnissen dieser Untersuchung und unter Beachtung der methodischen Fehlerquellen, wurde an der Psychiatrischen Universitätsklinik Wien ein Monitoring zur wöchentlichen Bestimmung von Haloperidol-Plasmaspiegel etabliert. Entscheidend dafür, vorerst nur Haloperidol-Plasmaspiegelbestimmungen durchzuführen, war neben der breiten Anwendungsmöglichkeit dieses Neuroleptikums vor allem die „einfache" Pharmakokinetik dieser Substanz. Im Gegensatz zu allen anderen Neuroleptika hat Haloperidol keine Metaboliten mit klinischer Bedeutung; damit liegen für eine Interpretation der gemessenen Plasmaspiegel relativ einfache Verhältnisse vor.

Eine genaue Beschreibung des Monitorings und Ergebnisse einer ersten Zwischenanalyse sollen im folgenden präsentiert werden.

Material und Methoden

Psychiatrische Institutionen, vorerst aus Wien und Umgebung, später aus ganz Österreich, wurden eingeladen, Blutplasmaproben von mit Haloperidol behandelten „Problempatienten" an das Chemische Labor der Psychiatrischen Universitätsklinik Wien zu senden. Die neuroleptische (Haupt-) Behandlung der Patienten sollte mit Haloperidol erfolgen, wobei die Applikationsform (oral, intramuskulär, intravenös oder als Depot), die Dosis sowie die Applikationsdauer erfaßt wurden. Ebenso wurde die Zusatzmedikation bezüglich Tagesdosis, Applikationsform und -dauer erhoben. Zusätzlich wurden Patientenstammdaten festgehalten; das Ausmaß der psychopathologischen Störung wurde global mit der Bewertung der „Zustandsänderung in der letzten Woche" beurteilt und differenzierter mit der Brief Psychiatric Rating Scale (BPRS; [20]) erfaßt. Unerwünschte Wirkungen, die unter der medikamentösen Therapie auftraten, wurden sowohl narrativ als auch durch eine eigene Nebenwirkungsskala dokumentiert. Es handelt sich dabei um eine Skala mit neun Items, mit der folgende Neuroleptika-Nebenwirkungen erhoben wurden: Parkinsonoid, akute Dyskinesien, Akathisie, Spätdyskinesien, Blutdruckregulationsstörungen, anticholinerge Wirkungen, verstärkter Speichelfluß, endokrine Störungen und sonstige Nebenwirkungen. Die Beurteilung des Schweregrades des jeweiligen Symptoms erfolgte *dreistufig:* nicht vorhanden − gering ausgeprägt − stark ausgeprägt.

Zusammen mit dem ermittelten Haloperidol-Plasmaspiegelwert wurde, wenn gewünscht, eine Therapieempfehlung an den behandelnden Arzt abgegeben mit der Bitte um zumindest eine zweite Einsendung, um unsere Therapieempfehlung bzw. deren Einfluß auf den psychopathologischen Zustand und den Haloperidol-Plasmaspiegel überprüfen zu können.

Die Bestimmung der Haloperidol-Plasmaspiegel erfolgte wöchentlich mit Hilfe der Radio Immuno Assays (RIA)-Methode im Chemischen Labor der Psychiatrischen Universitätsklinik Wien. Verwendet wurden handelsübliche Kits ohne Plasmaextraktion.

Zur statistischen Analyse wurden 2×3 Kontingenztafeln verwendet, wobei Verbesserung von Psychopathologie und drei Haloperidol-Plasmaspiegelbereiche kreuzkorreliert wurden.

Ergebnisse

In der Zeit von Oktober 1985 bis April 1987 wurden insgesamt 632 Haloperidol-Plasmaproben an das Chemische Labor gesendet. Es handelte sich dabei um 263 Erst-, 146 Zweit- und 223 Mehrfacheinsendungen.

Einer genaueren explorativen Analyse wurden bisher die Daten von 146 Patienten mit zwei Haloperidol-Plasmaspiegeleinsendungen unterzogen. Hierbei handelte es sich sowohl um stationäre als auch um ambulante Patienten: 68 Frauen und 78 Männer im Alter zwischen 18 und 88 Jahren (der Median lag bei 40 Jahren). Die Diagnose erfolgte nach den Kriterien von DSM-III [14]: 116 Patienten mit schizophrener Störung (295.1×, 295.2×, 295.3×, 295.9×, 295.6×), 12 Patienten mit paranoider Störung (297.10, 297.30, 298.30, 297.90) und 18 Patienten mit einer anderen psychotischen Störung (295.40, 298.80, 295.70, 298.90). Die Patienten wiesen eine unterschiedliche Erkrankungsdauer auf (< 1 Monat: n = 53; 1 − 5 Monate: n = 38; > 5 Monate: n = 36; fehlende Daten: n = 19).

Die Applikation von Haloperidol erfolgte p.o., i.v., i.m. und kombiniert. Sowohl die Haloperidol-Dosis als auch die Haloperidol-Applikationsdauer variierten sehr stark. Bei den Ersteinsendungen lag die Haloperidol-Dosis zwischen 3 und 127 mg/d (Median: 12 mg/d), zum Zeitpunkt der zweiten Einsendung zwischen 3 und 87,5 mg/d (Median: 12,15 mg). Nach der Anwendung des Haldolmonitorings kam es besonders bei Patienten in höheren Dosisbereichen zu einer deutlichen Dosisreduktion. Die Dauer einer konstanten Haloperidol-Dosis (als Maß für die Güte der „Steady-state-Bedingung") lag bei 15 Patienten unter drei Tagen, bei 46 Patienten zwischen vier und sieben Tagen, bei 58 Patienten über acht Tagen (fehlende Daten: n = 27). Zum Zeitpunkt der ersten Plasmaspiegelbestimmung von Haloperidol lagen 50 Patienten oberhalb, 58 Patienten unterhalb und nur 38 Patienten innerhalb des „therapeutischen Fensters" von 16 − 27 ng/ml.

Bei der Ersteinsendung erhielten 67 Patienten zum Zeitpunkt der Blutabnahme zusätzlich hoch- oder niederpotente Neuroleptika (angeführt in Chlorpromazin-Äquivalenzeinheiten [CPZ-Äqu]); 37 Patienten erhielten weniger als 50 CPZ-Äqu, 30 Patienten mehr als 50 CPZ-Äqu. Zum Zeitpunkt der zweiten Einsendung erhielten bereits 85 Patienten Haloperidol-Monotherapie, 32 Patienten weniger als 50 CPZ-Äqu, und nur 29 Patienten erhielten mehr als 50 CPZ-Äqu eines anderen Neuroleptikums. Zum Zeitpunkt der Ersteinsendung erhielten 88 Patienten zusätzlich Anticholinergika; zusätzlich Antidepressiva 21 Patienten, zusätzlich Tranquilizer 53 Patienten (in unterschiedlicher und wechselnder Dosierung). Annähernd ähnlich lag die Verteilung der Zusatzmedikation zum zweiten Untersuchungszeitpunkt.

Als Grund für die Zusendung der Haloperidol-Plasmaproben wurde eine mangelhafte bis fehlende Besserung des psychopathologischen Zustandes unter der Neuroleptika-Therapie bei 21 Patienten angegeben; unerwünschte Wirkungen, die vermutlich durch die Neuroleptika-Therapie hervorgerufen wurden, wurden bei zehn Patienten beschrieben; Wunsch nach einer Überprüfung des Haloperidol-Plasmaspiegels zum Ausschluß einer Kumulierung von Haloperidol oder einer mangelnden Compliance wurde bei 85 Patienten angeführt; bei 22 Patienten wurden mehrere der genannten Einsendungsgründe angegeben.

An unerwünschten Wirkungen wurden u. a. das Parkinsonoid, die Akathisie, Blutdruckregulationsstörungen und anticholinerge Wirkungen beobachtet. Das Parkinsonoid war zum Zeitpunkt der ersten Einsendung bei sechs Patienten stark, bei 47 Patienten gering ausgeprägt; die Akathisie war bei sechs Patienten stark, bei 24 Patienten gering vorhanden; Blutdruckregulationsstörungen waren bei zwei Patienten stark, bei 27 Patienten gering ausgeprägt; anticholinerge Wirkungen waren bei zwei Patienten stark und bei 27 Patienten gering vorhanden.

92 Patienten konnten bezüglich des Zusammenhangs zwischen Haloperidol-Plasmaspiegel bei der Zweituntersuchung und psychopathologischer Besserung näher untersucht werden (54 Patienten konnten hierfür wegen fehlender Daten nicht berücksichtigt werden). Bei dieser Gruppe fand sich der Trend zu einer Zustandsverbesserung [Reduktion des BPRS-Summenscores (Median) von

49 auf 41], insbesondere bei jenen Patienten, die in den von uns empfohlenen Haloperidol-Plasmaspiegelbereich von 16 – 27 ng/ml titriert wurden. Bei einer kleineren Gruppe von Patienten, bei denen „Steady-state-Bedingungen" (konstante Haloperidol-Dosis länger als drei Tage) eingehalten und nur minimale Neuroleptika-Zusatzmedikation (unter 50 CPZ-Äqu) verabreicht wurde, erreichte dieser Trend statistische Signifikanz (Schönbeck et al., in Vorbereitung).

Diskussion

In diesem Projekt wurde die Möglichkeit der Therapieoptimierung von mit Haloperidol behandelten schizophrenen „Problempatienten" untersucht. Nicht unter strengen experimentellen Bedingungen, sondern unter Routinebedingungen wurde die Anwendbarkeit und Nützlichkeit des von uns in einer früheren Untersuchung gefundenen „therapeutischen Fensters" von Haloperidol (16 – 27 ng/ml) untersucht.

Schon im Rahmen dieser Zwischenanalyse der Projektdaten bestätigt es sich, daß bei Einhaltung der Untersuchungsbedingungen (Plasmaspiegelbestimmung im „steady-state" und nur minimale Neuroleptikazusatzmedikation) und bei Einstellung in einem „mittleren" Plasmaspiegelbereich bei schizophrenen „Problempatienten" eine Therapieoptimierung möglich ist.

Durch das Haloperidol-Blutspiegel-Monitoring läßt sich mit dem Medikament sicherer umgehen, wobei offenbar häufig die Dosierungen zu hoch sind und gerade durch Dosisreduktion Besserungen erzielt werden. Es hat den Anschein, daß das psychische Nebenwirkungsprofil das erwünschte Wirkprofil häufig „zudecken" würde. Weitere Analysen des umfangreichen Datenmaterials werden noch mehr Klarheit schaffen.

Eine Einstellung auf einen optimalen Plasmaspiegelbereich läßt des weiteren nicht nur eine Reduktion eines Rückfallrisikos erwarten, sondern kann auch helfen, das Risiko für das Auftreten von Spätdyskinesien zu minimieren.

Nicht zu übersehen war die Verbesserung der Compliance im Rahmen des Haldolmonitorings – die intensivere Zuwendung, die

Vereinfachung der Medikation, die größere Sicherheit der Ärzte im Umgang mit der Medikation — alles Faktoren, die der Lebensqualität schizophrener Patienten dienen.

Literatur

1. Aschauer H, Schönbeck G, Langer G, Koinig G, Resch F, Hatzinger R, Chaudry HR, Sieghart D (1988) Plasma concentrations of Haloperidol and Prolactin and clinical outcome in acutely psychotic patients. Pharmacopsychiatry 21: 246−272
2. Balant-Gorgia AE, Eisele R, Balant L, Garrone G (1984) Plasma haloperidol levels and therapeutic response in acute mania and schizophrenia. Eur Arch Psychiatry Neurol Sci 234: 1−4
3. Bigelow LB, Kirch DG, Braun T, Korpi EA, Wagner RL, Zalcman S, Wyatt RJ (1985) Absence of relationship of serum haloperidol concentration and clinical response in chronic schizophrenia: a fixed dose study. Psychopharmacol Bull 21: 66−68
4. Bjorndal N, Bjerre M, Gerlach J, Kistjansen P, Megelund G, Oestrich IH, Waehrens J (1980) High dosage haloperidol therapy in chronic schizophrenic patients: a double-blind study of clinical response, side effects, serum haloperidol and serum prolactin. Psychopharmacology 67: 17−23
5. Bleeker JAC, Dingemans PM, Frohn de Winter ML, Slooten van de EPJ (1984) Plasma level and effect of low-dose haloperidol in acute psychosis. Psychopharmacol Bull 20: 317−319
6. Davis J, Ericksen SE, Hurt S, Chang SS, Javaid JI, Dekirmenjian H, Casper R (1985) Blood levels of haloperidol and clinical response. Psychopharmacol Bull 21: 48−51
7. Davis J, Janicak P, Linden R, Moloney J, Pavkovic I (1983) Neuroleptics and psychiatric disorder. In: Coyle JT, et al (eds) Neuroleptics: neurochemical, behavioral and clinical perspectives. Raven Press, New York, pp 15−64
8. Delay J, Denicker P (1952) Le traitement des psychoses par une méthode neurolytique dérivée de l'hibernothérapie (le 4560 RP utilise seul en cure prolongée et continue). (C. R. du L^{eme} Congr. des Al. et Neurol. de Langue franc., Luxembourg 1952.) Masson, Paris, pp 497−518
9. Extein I, Augusthy KA, Gold MS, Pottash ALC, Martin DM, Potter WZ (1982) Plasma haloperidol levels and clinical response in acute schizophrenia. Psychopharmacol Bull 18: 156−158
10. Hollister LE, Kim DY (1982) Intensive treatment with haloperidol of treatment-resistant chronic schizophrenic patients. Am J Psychiatry 139: 1466−1468

11. Itoh H, Yagi G, Tateyama M, Fujii Y, Iwamura K, Ichikawa K (1984) Monitoring of haloperidol serum levels and its clinical significance. Prog Neuropsychopharmacol Biol Psychiatry 8: 51 − 62

12. Jeste DV, Wyat RJ (1981) Changing epidemiology of tardive dyskinesia: an overview. Am J Psychiatry 3: 138

13. Kane JM, Smith JM (1982) Tardive dyskinesia: prevalence and risk factors 1959 to 1979. Arch Gen Psychiatry 39 (4): 473 − 481

14. Koehler K, Saß H (1984) Diagnostisches und statistisches Manual psychischer Störungen DSM-III. Beltz, Weinheim Basel

15. Linkowski P, Hubain PH, Frenckell R von, Mendlewicz J (1984) Haloperidol plasma levels and clinical response in paranoid schizophrenics. Eur Arch Psychiatry Neurol Sci 234: 231 − 236

16. Magliozzi JR, Hollister LE, Arnold KV, Earle GM (1981) Relationship of serum haloperidol levels to clinical response in schizophrenic patients. Am J Psychiatry 138: 365 − 367

17. Mavroidis ML, Kanter DR, Hirschowitz J, Garver DL (1983) Clinical response and plasma haloperidol levels in schizophrenia. Psychopharmacology 81: 354 − 356

18. Miller DD, Hershey LA, Duffy JP, Abernethy DR, Greenblatt DJ (1984) Serum haloperidol concentrations and clinical response in acute psychosis. J Clin Psychopharmacol 4: 305 − 310

19. Möller HJ, Kissling W, Maurach R, Schmid W, Doerr P, Pirke K, Zerssen von D (1981) Relationship between serum levels of haloperidol and prolactin, antipsychotic effect and extrapyramidal side effects. Pharmacopsychiatry 14: 27 − 34

20. Overall JE, Gorham DR (1962) The brief psychiatric rating scale. Psychol Rep 10: 799 − 812

21. Potkin SG, Shen Y, Zhon D, Pardes H, Shu L, Phelps B, Poland R (1985) Does a therapeutic window for plasma haloperidol exist? Preliminary chinese data. Psychopharmacol Bull 21: 59 − 61

22. Putten T van, Marder SR, May PRA, Poland RE, O'Brien RP (1985) Plasma levels of haloperidol and clinical response. Psychopharmacol Bull 21: 69 − 72

23. Silverstone T, Cookson J, Ball R, Chin CN, Jocobs D, Lader S, Gould S (1984) The relationship of dopamine receptoren blockade to clinical response in schizophrenic patients treated with pimozide or haloperidol. J Psychiatr Res 18: 255 − 268

24. Smith RC, Baumgartner R, Burd A, Ravichandran GK, Mauldin M (1985) Haloperidol and thioridazine drug levels and clinical response in schizophrenica: comparison of gasliquid chromatography and radioreceptor drug level assays. Psychopharmacol Bull 21: 52 − 58

25. Swigar ME, Jatlow PI, Gotcoechea N, Opsahl C, Bowers MB (1984) Ratio of serum prolactin to haloperidol and early clinical outcome in acute psychosis. Am J Psychiatry 141: 1281 – 1283

Anschrift der Verfasser: Dr. K. Meszaros, Psychiatrische Universitätsklinik Wien, Währinger Gürtel 18-20, A-1090 Wien, Österreich.

Risiken einer Langzeitgabe von Neuroleptika

M. de Zwaan und **G. Schönbeck**

Psychiatrische Universitätsklinik Wien, Österreich

Zusammenfassung

Der vorliegende Artikel gibt einen Überblick über Indikationen und über praxisrelevante Nebenwirkungen einer Neuroleptikalangzeitgabe. Gewichtsveränderungen, sexuelle Funktionsstörungen, depressive Zustandsbilder sowie Spätdyskinesien („late movement disorders") werden ausführlich diskutiert. Auch auf seltene und unregelmäßig auftretende Nebenwirkungen auf Auge, Darm und Haut sowie auf das maligne neuroleptische Syndrom und mögliche Absetzeffekte der Neuroleptika wird kurz eingegangen.

Schlüsselwörter: Neuroleptika, Langzeittherapie, Nebenwirkungen.

Summary

Risks of long-term neuroleptic treatment. This article presents an overview of recent research on adverse effects of long-term neuroleptic treatment. Side effects such as weight changes, sexual dysfunctions, depressive symptoms and late movement disorders are discussed in detail.

Idiosyncratic side effects on eyes, bowels and skin as well as the neuroleptic malignant syndrome and neuroleptic withdrawal symptoms are described briefly.

Keywords: Neuroleptic agents, long-term treatment, adverse effects.

Indikation und Nutzen einer Neuroleptikalangzeitgabe

Anhand einer Metaanalyse von 35 Doppelblindstudien [8] konnte zusammenfassend gezeigt werden, daß Neuroleptika bei schizophrenen Patienten eine gute rückfallprophylaktische Wirkung haben. Von insgesamt 3609 Patienten erlitten nach sechsmonatiger Therapie 20% der Patienten mit Neuroleptikamedikation und 53% der Patienten mit Placebo einen Rückfall der psychotischen Symptomatik. Dieser Unterschied zugunsten der Neuroleptika ist statistisch hochsignifikant.

Allerdings bleiben etwa 30% der Patienten auch unter Placebo rezidivfrei, und etwa 20% erleiden trotz Neuroleptikagabe einen Rückfall. Bis jetzt gibt es keine zuverlässigen Prädiktoren, die eine Zuordnung zu diesen Gruppen bereits vor Beginn einer Neuroleptikalangzeittherapie erlauben würden [35].

Das Rezidivrisiko bleibt nach Absetzen der Medikation im Anschluß an eine Langzeittherapie von zwei bis drei Jahren Dauer etwa das gleiche wie vor Beginn der Rückfallprophylaxe; die Krankheit nimmt also wieder ihren spontanen Verlauf. Es kommt demnach nicht zu einer „Heilung", sondern vielmehr zu einer wirksamen Syndromnormalisierung bzw. -suppression, die den Patienten aber befähigt, Alltagsaktivitäten besser auszuführen; somit können Sekundärschäden im psychosozialen Bereich hintangehalten werden [5, 22].

Risiken der Langzeittherapie mit Neuroleptika

Unter bestimmten Umständen können die Nebenwirkungen einer Akuttherapie auch bei langfristiger Verabreichung von Neuroleptika auftreten, etwa bei Dosisveränderung, interkurrenten Erkrankungen oder durch Wechselwirkungen mit anderen Substanzen.

Im folgenden sollen jedoch jene unerwünschten Wirkungen besprochen werden, die ein spezielles Problem erst bei Langzeitgabe darstellen.

Gewichtszunahme

Patienten mit Depotneuroleptikamedikation haben eine viermal größere Prävalenz von Übergewicht als eine vergleichbare Population der Normalbevölkerung [45]. Des weiteren konnte eine statistisch signifikante Gewichtszunahme sowohl unter längerdauernder oraler als auch Depottherapie festgestellt werden [24, 29]. Aufgrund der bei Übergewicht erhöhten Morbidität und Mortalität kommt dieser Nebenwirkung große medizinische Bedeutung zu.

Es ist weder eine Diagnose- oder Altersabhängigkeit noch eine Geschlechtsabhängigkeit dieser Nebenwirkung bekannt. Tricyclische Neuroleptika (Phenothiazine) führen eher zu einer Gewichtszunahme als Substanzen mit einer anderen chemischen Struktur, wie etwa Haloperidol [6, 32]. Eine vergleichbare Wirkung auf das Körpergewicht ist ja auch bei einer Therapie mit tricyclischen Antidepressiva zu beobachten. Die Kombination von tricyclischen Neuroleptika und Antidepressiva wie auch die Kombination mit Lithium könnte daher das Ausmaß der Gewichtszunahme noch verstärken [24]. Ein Einfluß der Antiparkinsonmedikation auf das Ausmaß der Gewichtszunahme unter Neuroleptikatherapie konnte nicht festgestellt werden [24]. Unter einer Therapie mit Molindon und Loxapin (beide Präparate sind derzeit in Österreich nicht registriert) wurden eher Gewichtsverluste beschrieben [11, 14, 15]. Eine Dosisabhängigkeit ist nicht bekannt, doch scheint das Ausmaß der Gewichtszunahme bei gleicher Dosis im Laufe der Zeit abzunehmen [24].

Regelmäßige Gewichtskontrollen sind unbedingt anzuraten, um diätätische Maßnahmen frühzeitig einleiten zu können. Ein Gewichtsreduktionsprogramm mit D-Fenfluramin, wie es in einer neueren Untersuchung empfohlen wird [19], muß sicherlich kritisch betrachtet werden. Die Substanz kann möglicherweise psychotogen wirken, und es stellt sich die Frage nach den Langzeiterfolgen.

Sexuelle Funktionen

In der Literatur wird unter Neuroleptikalangzeittherapie eine Reihe sexueller Funktionsstörungen beschrieben. In einigen Untersuchungen geben bis zu 50% der männlichen Patienten Potenz-, Erektions- oder Ejakulationsstörungen an [4, 18, 30, 34]. Seltener werden eine Reduktion der Ejakulatmenge, eine Veränderung der Orgasmusqualität [30] sowie eine Libidoreduktion [33] beschrieben.

Sexuelle Funktionsstörungen bei weiblichen Patienten umfassen bei mehr als 50% Störungen des Menstruationszyklus [18, 34]. Weiters werden Libidoreduktion, Orgasmusstörungen [40] und Galaktorrhoe beschrieben. Bisher existieren kaum kontrollierte Untersuchungen, so daß definitive Aussagen über die tatsächliche Prävalenz und Inzidenz sexueller Funtionsstörungen unter Neuroleptikalangzeitgabe nicht möglich sind. Doch kann vermutet werden, daß sexuelle Dysfunktionen ein häufiges und oft unbeachtetes Problem darstellen [33].

Diagnosespezifität, Altersabhängigkeit oder Dosisabhängigkeit sind nicht bekannt; Männer sind besser untersucht als Frauen, daher ist über eine mögliche Geschlechtsabhängigkeit keine Aussage zu treffen. Von den bekannten Neuroleptika beeinträchtigt Thioridazin die sexuelle Funktion am stärksten [4, 30] und wird aus diesem Grunde bei sexuellen Funktionsstörungen wie etwa der Ejakulatio präcox oder der Hypersexualität therapeutisch angewendet. Auch unter der Therapie mit Sulpirid und Chlorpromazin sowie Mesoridazin, Butaperazin, Perphenazin und Trifluoperazin [35] werden vermehrt sexuelle Dysfunktionen beschrieben. Libidostörungen, Irregularitäten des Menstruationszyklus und Galaktorrhoe werden vor allem durch hochpotente Neuroleptika hervorgerufen [33], da deren starke zentrale antidopaminerge Wirkung zu einer Prolactinerhöhung führt.

Nur die regelmäßige Evaluierung der sexuellen Funktionen, wie sie bei nahezu allen psychiatrischen Patienten durchgeführt werden sollte, kann eine Veränderung während der Therapie erkennen lassen und eine Abgrenzung zu habituellen oder krankheitsbedingten [38] Dysfunktionen ermöglichen [33]. Patienten mit vorbestehenden Dysfunktionen sollten nicht auf Thioridazin oder Chlorpromazin eingestellt werden. Unter Umständen wird eine Dosisreduktion oder Medikamentenumstellung (die meisten Störungen sind benigen und reversibel) notwendig [33].

Depressives Zustandsbild

Es werden zwei Subtypen depressiver Bilder unter Neuroleptikalangzeitgabe beschrieben: das Bild einer endogenomorphen Depression [36] und das Bild einer „akinetischen Depression" [41, 42]. Letzteres ist gekennzeichnet durch die Stimmungsqualität der Dysphorie und weniger der Traurigkeit, durch Akinese, Apathie, Aspontaneität, motorische Retardiertheit und Affektverflachung und tritt in der Regel gemeinsam mit extrapyramidalmotorischen Nebenwirkungen (Parkinsonoid, Akathisie) der Neuroleptika auf. Ob Neuroleptika direkt eine Depression hervorrufen können, ist aber nach wie vor umstritten.

Depressive Verstimmungen sind ein insgesamt häufiges Phänomen unter Langzeitgabe von Neuroleptika; in mehreren Untersuchungen konnte nach mehrjähriger Depotneuroleptikatherapie bei bis zu 65% der Patienten eine depressive Verstimmung festgestellt werden [25, 53, 3, 36]. Andere Untersuchungen allerdings finden keinen Unterschied in der Häufigkeit depressiver Bilder zwischen Patienten, die Neuroleptika oder Placebo erhielten (Zusammenstellung bei [42]). Die Rolle der Neuroleptika in der Ätiopathogenese depressiver Syndrome ist derzeit also noch nicht befriedigend geklärt. Die Abgrenzung zu morbogenen Formen (etwa postpsychotische Depressionen, schizoaffektive Psychose) [28, 43, 53] und psychogenen Formen (reaktiv) sowie die Differenzierung zu Negativsymptomen bleibt schwierig [21, 42].

Altersabhängigkeit und Geschlechtsabhängigkeit sind nicht bekannt. In einigen Fällen kann sich ein neuerliches Überdenken der Diagnose als sinnvoll erweisen. Bei immerhin 30% schizophrener Patienten sind depressive Symptome schon bei Erkrankungsbeginn vorhanden (morphogen) [28]; dies rechtfertigt den Versuch einer zusätzlichen oder alternativen Lithiumprophylaxe. Eine depressiogene Wirkung findet sich eher bei höheren Dosen und länger dauernder Therapie [21]. Auch unmittelbar nach Depotinjektionen werden vorübergehende depressive Reaktionen gehäuft beobachtet [2]. Unter Reserpintherapie (in Antihypertonika enthalten) ist bei 10—20% der Patienten mit einer depressiven Verstimmung zu rechnen. Hochpotente Neuroleptika zeigen eine deutlich stärkere depressiogene Wirkung als niederpotente Neuroleptika, deren antidepressive Wirkung aus der klinischen Praxis bekannt ist. In niederen Dosisbereichen ist aber auch für hochpotente Neuroleptika (etwa Flupenthixol) eine antidepressive Wirkung beschrieben worden.

Plasmaspiegelbestimmungen könnten helfen, zwischen pharmakogener (Spiegel vielleicht zu hoch) und morbogener depressiver Verstimmung (Spiegel möglicherweise zu niedrig) zu unterscheiden. Therapeutisch wird neben einer Dosisreduktion die Gabe von Anticholinergika, Antidepressiva sowie Psycho- und Soziotherapie empfohlen. Bei eher schizoaffektiven Psychosen ist eine Langzeittherapie mit Lithium zu empfehlen [21].

„Late movement disorders"

Spätdyskinesie [17, 20, 44]. Die Spätdyskinesie ist ein hyperkinetisches Syndrom mit stereotypen choreiformen und athetotischen Bewegungen, die bei 76 — 100% der Betroffenen im Gesichtsbereich (orofacial als Schmatz-, Kau- und Zungenwälzbewegungen), bei ungefähr der Hälfte der Fälle an den Extremitäten und bei 0 — 26% am Rumpf auftreten. Muster und Schweregrad sind individuell unterschiedlich ausgeprägt. Bei etwa 1% der Betroffenen werden körperlich stark beeinträchtigende Spätdyskinesien beschrieben, die durch Atemstörungen, gastrointestinale Komplikationen, Zahnprobleme, Schluck-, Gang- und Sprechstörungen gekennzeichnet sind. Des weiteren wird bei diesen Fällen eine erhöhte Mortalität beschrieben. Die Prävalenz von Spätdyskinesien unter Neuroleptikalangzeitgabe wird mit 15 — 20% angegeben [17, 23, 26, 31, 44]. 3 — 6% der Fälle gelten als irreversibel. In den restlichen Fällen kommt es nach Absetzen der Neuroleptika zu einer Remission, die auch erst nach Wochen bis Jahren eintreten kann.

Bewegungsstörungen im Sinne von Spätdyskinesien wurden nicht nur bereits bei Schizophrenen vor der Entdeckung der Neuroleptika beobachtet, sondern treten spontan auch in der Normalbevölkerung (vor allem in höherem Alter) auf. Die Prävalenz wird hier mit durchschnittlich 5% beschrieben [26]. Manche Autoren vertreten die Meinung, daß Neuroleptika Auslöser oder Verstärker, nicht aber Verursacher einer Spätdyskinesie seien [7]; sie trete eher als Folge einer gleichzeitig bestehenden cerebralen Schädigung auf.

Differentialdiagnostisch muß die Spätdyskinesie von anderen Bewegungsstörungen, die unabhängig von einer Neuroleptikaltherapie auftreten (Chorea Huntington, Morbus Wilson etc.), abgegrenzt werden.

Patienten mit der Diagnose einer affektiven oder schizoaffektiven Störung entwickeln häufiger eine Spätdyskinesie als Patienten mit der Diagnose einer Schizophrenie. Dies hebt die Bedeutung einer differenzierten Diagnose und einer differenzierten Therapie hervor (evtl. Lithiumprophylaxe). Des weiteren wird ein gehäuftes Auftreten von Spätdyskinesien bei schizophrenen Patienten mit kognitiven Störungen und mit ausgeprägter Negativsymptomatik beobachtet [7, 48, 50, 51]. Auch ein Zusammenhang zwischen der Ausprägung extrapyramidalmotorischer Störungen zu Beginn der Therapie und dem Auftreten einer Spätdyskinesie ist beschrieben worden. In höherem Alter nehmen die Prävalenz, der Schweregrad wie auch das Risiko der Irreversibilität einer Spätdyskinesie deutlich zu. Allerdings muß hier einerseits der Zeitfaktor und andererseits die größere spontane Prävalenz dieser Bewegungsstörung im höheren Alter berücksichtigt werden. Weibliche Patienten, vor allem postmenopausal, entwickeln häufiger eine Spätdyskinesie als männliche Patienten. Die Nebenwirkung ist weiters dosisabhängig und substanzabhängig. Sie tritt nach Monaten bis Jahren einer Neuroleptikatherapie, oft bei dem Versuch einer Dosisreduktion auf und bessert sich durch neuerliche Dosiserhöhung. Ein Zusammenhang mit der Dauer der Therapie und der Gesamtlebensdosis wird daher angenommen. Hochpotente Neuroleptika mit starker antidopaminerger Wirkung bergen ein größeres Risiko für die Entwicklung einer Spätdyskinesie als niederpotente Neuroleptika [39]. Bei Sulpirid besteht ein geringes, bei Clozapin nahezu kein Risiko. In Einzelfällen wird eine Zunahme des Risikos durch zusätzliche Gabe von Anticholinergika, Antihistaminika, Phenytoin, Lithium und EKT beschrieben. Kontrollierte Studien fehlen allerdings noch. Vorsicht ist auch beim häufigen Gebrauch von Metoclopramid (als Antiemetikum in Verwendung) und Reserpin (in Antihypertonika enthalten) geboten, da diese Substanzen chemisch einem Neuroleptikum entsprechen und potentiell die Gefahr der Entwicklung einer Spätdyskinesie besteht [39].

Als Grundsatz der Prävention sollte gelten, die Gesamtlebensdosis der Neuroleptika möglichst gering zu halten: strenge Indikationsstellung – Neuroleptika sollten in der Regel nicht bei anders zu behandelnden Störungen, wie Angst- oder Schlafstörungen, gegeben werden –, kleinstmögliche Dosis vor allem bei Langzeittherapie, kürzest erforderliche Therapiedauer, Applikationsintervalle von Depotpräparaten vergrößern, geeignete Substanzauswahl (evtl. Clozapin), eventuell Kombination mit Benzodiazepinen oder Carbamazepin. Beim Versuch abzusetzen, sollte die Dosis graduell reduziert werden. Anticholinergika sind meist nur bei der Akutbehandlung nötig und sollten daher in der Langzeittherapie nicht unnötig weiterverordnet werden. Bis jetzt ist keine spezifische Therapie der Spätdyskinesie bekannt; nur die neuerliche Verordnung von Neuroleptika verbessert in oft schon niedriger Dosierung die Bewegungsstörung, stellt allerdings im Prinzip eine Fortführung des vermuteten schädigenden Agens dar. Anticholinergika sind meist wirkungslos; Cholinergika, Dopaminagonisten, GABA-Agonisten oder Papaverin haben sich nicht als ausreichend effektiv erwiesen. Tiaprid [31], Piracetam, Propranolol, Benzodiazepine und Ca-Antagonisten [20] zeigten in einzelnen Studien gute Erfolge, sind jedoch noch keine Therapie der Wahl.

Spätdystonie. Bei dieser extrapyramidalen Störung, die ebenfalls den „late movement disorders" [20] zugerechnet wird und welche ebenfalls bei Langzeittherapie mit Neuroleptika bei 2% der Patienten auftritt, ist ein Therapieversuch mit Anticholinergika angezeigt. Die Störung kann sich als Torti-, Retro- oder Anterocollis, als anhaltende Muskelkontraktion der Extremitäten, des Rumpfes, von Larynx oder Mund oder als Blepharospasmus präsentieren.

Die *Spätakathisie* verschlechtert sich wie die Spätdyskinesie durch Absetzen der Neuroleptika und verbessert sich durch erneute Dosiserhöhung. Präparatewechsel ist notwendig, Anticholinergika helfen nicht. Des weiteren werden der *Parkinsonoid-Tremor* (Vor-

/Rückwärtsbewegung des Körpers, grobschlächtiger Tremor der Hände, Tremor von Lippen und Zunge), das *Rabbit Syndrom* (schnelle rhythmische Bewegungen des Mundes mit einer Prävalenz von 2,3%, Therapie mit Anticholinergika) und das *späte Tourette Syndrom* (Tics) als seltene „late movement disorders" beschrieben.

Auge. Als Langzeitnebenwirkung am Auge werden mit einer Häufigkeit von 15−73% [9, 37, 49, 52] Pigmentablagerungen in Cornea, Linse, Lid und Conjunktiva beobachtet. Differentialdiagnostisch sind diese Pigmentierungen von „axial punctuale opacities" abzugrenzen, wie sie bei 10% aller Menschen nach dem 40. Lebensjahr auftreten. Selten kommt es zu Retinaschäden [48], in Einzelfällen zur Kataraktbildung.

Pigmentablagerungen treten vermehrt in höherem Lebensalter und bei hoher Gesamtlebensdosis der Neuroleptika auf. Diagnosespezifität und Geschlechtsabhängigkeit sind nicht bekannt. Pigmentablagerungen werden vor allem durch trizyklische und niederpotente Neuroleptika hervorgerufen [14, 37, 39], Retinaschäden sind bei Thioridazintherapie und Kataraktbildung bei Triperidoltherapie beschrieben worden.

Als präventive Maßnahmen werden sechsmonatige Augenhintergrundskontrollen sowie eine möglichst geringe Gesamtlebensdosis empfohlen. Falls möglich, ist eine Verlaufskontrolle mit Plasmakonzentrationsmessungen der Neuroleptika zu empfehlen.

Haut. In 1% der langzeitbehandelten Patienten kommt es zu irreversiblen Pigmentablagerungen an lichtexponierten Hautstellen, die häufig mit Pigmentstörungen der Augen kombiniert sind [14].

Frauen sind häufiger betroffen als Männer, das Auftreten von Pigmentierungen ist dosisabhängig und wird vor allem unter Phenothiazintherapie beschrieben.

Darm [12, 27]. Durch die anticholinerge Wirkung vor allem tricyclischer Neuroleptika (Phenothiazine) kann sich neben einer chronischen Obstipation eine Darmdilatation bis hin zum Megacolon entwickeln. Diese Nebenwirkung wird klinisch nur selten diagnostiziert (ca. 30 Fälle sind in der Literatur beschrieben), doch verlaufen diese Fälle durch die Entwicklung eines paralytischen Ileus gelegentlich tödlich [12].

Als Prävention empfiehlt es sich, die Dosis der Neuroleptika sowie der ebenfalls anticholinergen Antiparkinsonmedikation möglichst gering zu halten und in die Ernährung ausreichend Quellstoffe einzubauen.

Malignes Neuroleptikasyndrom. Wegen ihrer potentiellen Gefährlichkeit soll auf diese äußerst selten auftretende Nebenwirkung hier noch kurz eingegangen werden (Übersicht bei [1, 13, 47]). Als Kardinalsymptome gelten plötzlich auftretendes hohes Fieber und Muskelrigidität. Es sind vor allem junge Männer betroffen. Es muß daran erinnert werden, daß das maligne Neuroleptikasyndrom zu jeder Zeit einer Neuroleptikatherapie auftreten kann und plötzliche Temperaturerhöhungen daher während jeder Phase der Therapie genau zu beobachten sind. Vor allem bei Dosiserhöhung, Zugabe eines weiteren Neuroleptikums, in den ersten Monaten nach Einstellung auf ein Depotpräparat sowie bei körperlicher Erschöpfung, ZNS-Beeinträchtigung und Dehydratation wird ein Ansteigen des Risikos auch während Langzeittherapie beschrieben.

Therapeutische Maßnahmen beinhalten das sofortige Absetzen der Neuroleptika und die Überweisung auf eine Intensivstation.

Absetzen einer Neuroleptikalangzeittherapie [10]

Meist verläuft das Absetzen der Neuroleptika komplikationslos und ohne wesentliche Absetzerscheinungen. Bei etwa 10% der Patienten ist jedoch mit einer „Entzugssymptomatik" zu rechnen: Übelkeit, Erbrechen und Appetitlosigkeit; vermehrtes Schwitzen, Kopfschmerzen, Schlaflosigkeit, Angst, Unruhe und Agitation; seltener auch Schwindel, Myalgien und Tremor. Falls Neuroleptikamonotherapie verwendet wurde, treten diese Symptome innerhalb von 1 – 4 Tagen auf, um nach 7 – 14 Tagen wieder abzuklingen. Kompliziertere Bilder bezüglich Dauer und Ausprägung ergeben sich bei gleichzeitigem Absetzen zusätzlicher Psychopharmaka, wie etwa Anticholinergika oder Benzodiazepine.

Von diesen Absetzerscheinungen ist das Wiederaufflackern von psychotischen Symptomen differentialdiagnostisch abzugrenzen. Diese treten meist später auf und sind durch die Symptome der Grunderkrankung, wie etwa Denkstörungen, paranoide Symptomatik oder affektive Entgleisung, gekennzeichnet. Es empfiehlt sich daher, die Neuroleptika graduell, über einen Zeitraum von mehreren Wochen zu reduzieren. Wurden Medikamente aus mehreren Psychopharmakagruppen gleichzeitig verabreicht, sollte ein Medikament nach dem anderen mit einer zeitlichen Differenz von mehreren Wochen reduziert werden [46].

Zusammenfassung

Die beschriebenen Nebenwirkungen bei Langzeitgabe von Neuroleptika stellen das bedeutendste Problem der Dauertherapie dar. Nicht nur organische Komplikationen, sondern vor allem die subjektive Beeinträchtigung des Patienten müssen diese Nebenwirkungen ernst nehmen lassen. Die Lebensqualität des Patienten wird beeinträchtigt, das soziale Wohlgefühl reduziert und nicht zuletzt die Compliance verschlechtert. Nur bei genauer Kenntnis dieser unerwünschten Begleiterscheinungen wird man auf deren mögliches Auftreten achten, präventive Maßnahmen ergreifen und gezielte therapeutische Maßnahmen vornehmen. Unterstützend können hier Plasmaspiegelbestimmungen wirken. Durch sorgfältiges Titrieren der Dosis in einen bestimmten, optimalen Spielbereich kann etwa die Gesamtlebensdosis verringert werden bzw. konnen akute Überdosierungen („Kumulierungen") verhindert werden. Auch Unterdosierungen können erkannt und durch deren Korrektur etwa eine morbogene Depression verbessert werden. Schließlich kann damit auch die Compliance überprüft werden. Neuroleptika sind also, besonders bei Langzeitanwendung, keine „harmlosen" Medikamente, sondern neben ihrer erwiesenen Wirksamkeit auch mit beträchtlichen Risiken behaftet. Neben einer genauen Indikationsstellung muß bei jeder Einstellung eine möglichst exakte Nutzen-

Risiko-Kalkulation durchgeführt und, soweit ärztlich verantwortbar, auch der Patient darüber informiert werden.

Literatur

1. Abbott RJ, Loizon LA (1986) Neuroleptic malignant syndrome. Br J Psychiatry 148: 47–51
2. Alarcon de R, Carney MWP (1969) Severe depressive mood changes following slow-release intramuscular fluphenazine injection. Br Med J 3: 564–567
3. Ananth J, Ghadirian A (1980) Drug-induced mood disorder. Int Pharmacopsychiatry 15: 58–73
4. Blair JH, Simpson GM (1966) Effects of antipsychotic drugs on reproductive functions. Dis Nerv Syst 27: 645–647
5. Cheuny HK (1981) Schizophrenics fully remitted on neuroleptic for 3–5 years to stop or continue drugs. Br J Psychiatry 138: 490–494
6. Cookson JC (1988) A UK multicenter weight-change study on the effects of depot antipsychotic medication in chronic schizophrenic patients, with computerised data transfer (Abstract). Psychopharmacology 96: 257
7. Crow TJ, Owens DGC, Johnstone EC, Cross AJ, Owen F (1984) Gibt es Spätdyskinesien? In: Kryspin-Exner K, et al (Hrsg) Langzeittherapie psychiatrischer Erkrankungen. Schattauer, Stuttgart New York
8. Davis J, Janicak P, Linden R, Moloney J, Pavkovic I (1983) Neuroleptics and psychotic disorders. In: Coyle JT, et al (eds) Neurochemical, behavioral and clinical perspectives. Raven Press, New York
9. De Long, Poley BJ, McFarlane JR (1965) Ocular changes associated with long term chlorpromazine therapy. Arch Ophthalmol 73: 611
10. Dilsaver SC, Alessi NE (1988) Antipsychotic withdrawal symptoms: phenomenology and pathophysiology. Acta Psychiatr Scand 77: 241–246
11. Doss FW (1979) The effects of antipsychotic drugs on body weight: a retrospective review. J Clin Psychiatry 40: 528/53–530/55
12. Evans DL, Rogers JF, Peiper SC (1979) Intestinal dilatation associated with phenothiazine therapy: a case report and literature review. Am J Psychiatry 136: 970–972
13. Fleischhacker WW, Unterweger B, Hinterhuber H (1987) Das maligne neuroleptische Syndrom. In: Pichot P, et al (Hrsg) Neuroleptika, Rückblick 1952–1986, künftige Entwicklungen. Springer, Berlin Heidelberg New York Tokyo
14. Gaertner HJ (1983) Klinische Pharmakologie der Neuroleptika. In:

Langer G, et al (Hrsg) Psychopharmaka, Grundlagen und Therapie. Springer, Wien New York, S 227—250

15. Gallant DM, Bishop MP, Steele CA (1973) Molindone: a crossover evaluation of capsule and tablet formulations in severely ill schizophrenic patients. Current Therapy Res 15: 915—918

16. Gardos G, Cole JO (1976) Maintenance antipsychotic therapy: is the cure worse than the disease? Am J Psychiatry 133: 32—36

17. Gerlach J, Casey DE (1988) Tardive dyskinesia. Acta Psychiatr Scand 77: 369—378

18. Ghardirian AM, Chouinard G, Annable L (1982) Sexual dysfunction and plasma prolactin levels in neuroleptic-treated schizophrenic outpatients. J Nerv Ment Dis 170: 463

19. Goodall E, Oxtoby C, Richards R, Watkinson G, Brown C, Silverstone T (1988) A clinical trial of the efficacy and acceptability of D-Fenfluramine in the treatment of neuroleptic-induced obesity. Br J Psychiatry 153: 208—213

20. Hanson D (1988) Causes and consequences of late onset involuntary motor movements in schizophrenic patients. Current Opinion in Psychiatry 1: 32—40

21. Hartmann W (1987) Neuroleptikabedingte pharmakogene Depression. In: Pichot P, et al (Hrsg) Neuroleptika, Rückschau 1952—1986, künftige Entwicklungen. Springer, Berlin Heidelberg New York Tokyo

22. Hogarty GE, Ulrich RF, Mussare F, Aristigneta N (1977) Drug discontinuation among long-term, successfully mantained schizophrenic outpatients. Dis Nerv Syst 37: 494—500

23. Jeste DV, Wyat RJ (1981) Changing epidemiology of tardive dyskinesia: a overview. Am J Psychiatry 138: 297—309

24. Johnson DAW, Breen M (1979) Weight changes with depot neuroleptic maintenance therapy. Acta Psychiatr Scand 59: 525—528

25. Johnson DAW (1988) The significance of depression in the prediction of relapse in chronic schizophrenia. Br J Psychiatry 152: 320—323

26. Kane JM, Smith JM (1982) Tardive dyskinesia. Arch Gen Psychiatry 39: 473 481

27. Kemeny MM, Martin EC, Lane FC, Stillman RM (1980) Abdominal distention and aortic obstruction associated with phenothiazines. JAMA 243: 683—684

28. Knights A, Hirsch SR (1981) "Revealed" depression and drug treatment for schizophrenia. Arch Gen Psychiatry 38: 806—811

29. Korsgaard S, Skausig OB (1979) Increase in weight after treatment with depot neuroleptics. Acta Psychiatr Scand 59: 139—144

30. Kotin J, Wilbert DE, Verbug D, et al (1976) Thioridazine and sexual dysfunction. Am J Psychiatry 133: 82—85

31. Leblhuber F, Reisecker F, Bengesser G (1987) Tiaprid in der Behandlung irreversibler tardiver Dyskinesien — erste Erfahrungen. Z Gerontol 20: 49–51

32. Livingston MG (1988) Weight changes in schizophrenic patients receiving antipsychotic medication (Abstract). Psychopharmacology 96: 257

33. Mitchell JE, Popkin MK (1982) Antipsychotic drug therapy and sexual dysfunction in men. Am J Psychiatry 139: 633–637

34. Modestin J (1983) 30 Jahre Neuroleptika — Zeit zur kritischen Auseinandersetzung. Dtsch Med Wochenschr 108: 1446–1451

35. Möller HJ (1987) Indikation und Differentialindikation der neuroleptischen Langzeitmedikation. In: Pichot P, et al (Hrsg) Neuroleptika, Rückschau 1952–1986, künftige Entwicklungen. Springer, Berlin Heidelberg New York Tokyo

36. Müller P (1981) Depressive Syndrome im Verlauf schizophrener Psychosen. In: Glatzel J, et al (Hrsg) Forum der Psychiatrie. Enke, Stuttgart

37. National University of Malaysia, Kuala Lumpur, Malaysia (1988) Long-term phenothiazine administration and the eye in 100 malaysians. Br J Psychiatry 152: 278–280

38. Nestoros JN, Lehmann HE (1979) Neuroleptics and male sexual dysfunction. International Drug Therapy Newsletter 14: 21–24

39. Poser S, Poser W (1983) Toxische Wirkungen von Arzneimitteln auf das Zentralnervensystem. Nervenarzt 54: 612–623

40. Ayd FJ (1982) Psychotropic drugs and female sexual dysfunction. International Drug Therapy Newsletter 17: 37–39

41. Putten T van, May PRA (1978) "Akinetic depression" in schizophrenia. Arch Gen Psychiatry 35: 1101–1107

42. Rifkin A, Siris SG (1986) Zum heutigen Erkenntnisstand der Problematik: Depression bei der Schizophrenie. In: Hinterhuber H, et al (Hrsg) Seiteneffekte und Störwirkungen der Psychopharmaka. Schattauer, Stuttgart New York

43. Roy A (1984) Do neuroleptics cause depression? Biol Psychiatry 19: 777–781

44. Rüther E, Haag M, Oefele K von, Keppler E, Haag H (1987) Späte extrapyramidale Hyperkinesen (Spätdyskinesien): Risiko der Neurolepsie? In: Pichot P, et al (Hrsg) Neuroleptika, Rückschau 1952–1986, künftige Entwicklungen. Springer, Berlin Heidelberg New York Tokyo

45. Silverstone T, Smith G, Goodall E (1988) Prevalence of obesity in patients receiving depot antipsychotics. Br J Psychiatry 153: 214–217

46. Simpson GM, Amin M, Konz E (1965) Withdrawal effects of phenothiazines. Compr Psychiatry 6: 347–351

47. Spieß-Kiefer C (1985) Malignes neuroleptisches Syndrom: diagnostische und therapeutische Probleme. Diagnostik 18: 30−35
48. Thomas P, McGuire R (1986) Orofacial dyskinesia, cognitive function and medication. Br J Psychiatry 149: 216−220
49. Thurn G (1972) Nebenwirkungen verschiedener Medikamente am Auge. Fortschritte der Medizin 90: 624−628
50. Waddington JL, Youssef HA (1986) An unusual cluster of tardive dyskinesia in schizophrenia: association with cognitive dysfunction and negative symptoms. Am J Psychiatry 143: 1162−1165
51. Waddington JL, Youssef HA (1988) Tardive dyskinesia in bipolar affective disorder: aging, cognitive dysfunction, course of illness, and exposure to neuroleptica and lithium. Am J Psychiatry 145: 613−616
52. Wheeler RH, Bhalero VR, Winkleman NW (1968) Ocular pigmentation, extrapyramidal symptoms and phenothiazine dosage. Br J Psychiatry 115: 683−690
53. Wistedt B, Palmstierna T (1983) Depressive symptoms in chronic schizophrenic patients after withdrawal of long-acting neuroleptics. J Clin Psychiatry 44: 369−371

Anschrift der Verfasser: Dr. Martina de Zwaan, Psychiatrische Universitätsklinik, Währinger Gürtel 18-20, A-1090 Wien, Österreich.

Neue psychosoziale Verfahren in der Behandlung
schizophrener Patienten

H. Rittmannsberger und **W. Schöny**

Wagner-Jauregg-Krankenhaus des Landes Oberösterreich,
Linz, Österreich

Zusammenfassung

Psychosoziale Behandlungsverfahren haben in den letzten Jahren zunehmend Bedeutung in der Behandlung schizophrener Patienten gewonnen. Ausgehend vom zunehmenden Wissen um die kognitiven Störungen Schizophrener wurden Trainingsprogramme zur Verbesserung der kognitiven Leistungen entwickelt, die sich als besonders effektiv erwiesen haben, wenn sie in ein alltagsrelevantes „Training sozialer Fertigkeiten" eingebettet werden. Das Konzept der „Expressed Emotion" eröffnet über die Modifikation des Verhaltens der Angehörigen erstmals nichtmedikamentöse Wege der Rückfallsprophylaxe. Bisherige Ergebnisse und offene Problemstellungen werden diskutiert.

Schlüsselwörter: Kognitives Training, Training sozialer Fertigkeiten, Expressed Emotion, Schizophrenie.

Summary

New psychosocial treatment programs for schizophrenic patients. Psychosocial treatment-methods for schizophrenic patients have become very popular in recent years. Increasing knowledge about cognitive impairment in schizophrenics has led to the development of cognitive training programs, which tend to be more successfull if embedded in an "social skills training". The concept of "expressed emotion" provides new possibilities for preventing schizophrenic relapse by modifying the key relative's emotional attitude towards the patient. Recent findings and questions yet to answer were discussed.

Keywords: Cognitive training programs, social skills training, expressed emotions, schizophrenia.

Einleitung

Bei der Behandlung schizophrener Patienten haben in den letzten Jahren psychosoziale Behandlungsmethoden stark an Bedeutung gewonnen. Trotz aller Fortschritte auf dem Gebiet der Psychopharmakatherapie und bei voller Anerkennung der Bedeutung der Neuroleptika in Akuttherapie und Rezidivprophylaxe besteht ein zunehmendes Bedürfnis nach fundierten nichtmedikamentösen Behandlungsverfahren. Dafür sind einige Gründe zu nennen.

1. Neuroleptika sind nicht bei allen Formen und Stadien schizophrener Erkrankungen gleichermaßen wirksam: Bei „negativer" Symptomatik ist ihre Effektivität sehr gering [44]; wenngleich in der Rückfallsprophylaxe die Überlegenheit gegenüber Placebo eindeutig erwiesen ist (als Faustregel gilt, daß nach einem Jahr zwei Drittel der Patienten ohne Neuroleptika, hingegen nur ein Drittel der Patienten mit Neuroleptika einen Rückfall erlitten haben [46]), ist es klar, daß man auf diese Weise nur einem Teil der Patienten helfen kann.

2. Die Wirkung von Neuroleptika wird von manchen Patienten als so unangenehm empfunden, daß sie zu längerfristiger Einnahme nicht bereit sind. Darüber hinaus können Nebenwirkungen, vor allem im Bereich des extrapyramidalen Systems, zu u. U. schwerwiegenden Komplikationen führen, wobei vor allem die Gefahr der tardiven Dyskinesie zu einer zurückhaltenderen Anwendung von Neuroleptika geführt hat.

3. In zahlreichen Untersuchungen zum Verlauf der schizophrenen Erkrankung hat sich nicht nur gezeigt, daß das Stereotyp der „Unheilbarkeit", welches auf Kraepelins pessimistische Konzeption zurückzuführen ist, nicht stimmt, sondern daß der Verlauf der Schizophrenie „vielfältig wie das Leben selbst" [17] und mehr durch soziale Faktoren als durch die Merkmale der Krankheit selbst

bestimmt ist [16, 51]. Die Frage, welche Umweltbedingungen für den schizophrenen Erkrankten förderlich, welche gefährlich sind, wird zum Gegenstand wissenschaftlicher Forschung.

4. Es mehren sich die Versuche, die vielfältigen konkurrierenden Betrachtungs- und Erklärungsweisen des komplexen Phänomens Schizophrenie in integrativen Modellen zu erfassen. Ciompi [19] nennt neben seinem „integrativ psycho-biologischen Schizophreniemodell" sieben weitere derartige Modelle, wobei hier wegen ihrer Wichtigkeit für die folgenden Ausführungen das „Vulnerabilitätsmodell" von Zubin und Spring [48, 60] und das Konzept der „Basisstörungen" von Huber [31], Janzarik [32] und Süllwold [52] genannt seien, ohne daß auf Details eingegangen werden kann. Diese vielschichtigen Modelle tragen dazu bei, die in früheren Jahren manchmal unüberbrückbaren Gegensätze zwischen einer biologischen, einer psychodynamischen oder einer soziologischen Betrachtungsweise der Schizophrenie zu beseitigen und nach Behandlungsstrategien zu suchen, die sich mehr an den besonderen Bedürfnissen des Patienten als an der einseitigen theoretischen Ausrichtung des Therapeuten orientieren.

Es waren vor allem zwei Forschungsansätze, die der Entwicklung neuer psychosozialer Behandlungsverfahren entscheidenden Auftrieb gaben:

1. Das zunehmende Wissen darüber, daß bei Schizophrenen auch nach Ende der akut-psychotischen Symptomatik bestimmte kognitive Leistungen gestört sind [26, 56], womit untrennbar auch affektive Veränderungen verbunden sind [18, 53]. Diese bestehen wahrscheinlich schon vor der schizophrenen Erkrankung als eine der Voraussetzungen für die psychotische Dekompensation und stellen einen wesentlichen Teil der „Vulnerabilität" schizophrener Menschen dar (so zum „Paradoxon des vorauslaufenden Defekts" führend [32]).

2. Der wissenschaftliche Nachweis, daß das emotionale Klima des Umfelds des Patienten von großer Bedeutung für den Verlauf der Erkrankung im Hinblick auf die Rückfallshäufigkeit ist. Am bekanntesten ist die Operationalisierung derartiger Faktoren im Konzept der „Expressed Emotion" geworden [1, 9 – 11, 35, 37, 47].

„Kognitives Training" und „Training sozialer Fertigkeiten"

Verhaltenstherapeutisch orientierte Programme in der Soziotherapie schizophrener Patienten, etwa in Form des „Token economy"-Systems, sind seit den sechziger Jahren in Anwendung [15, 20, 59]. Die Ergebnisse blieben aber eher unbefriedigend, und es erschien geboten, bei der Erstellung derartiger Programme mehr auf die kognitiven Störungen Schizophrener Rücksicht zu nehmen [27, 49]. Es zeigte sich, daß schizophrene Patienten in ihrem Problemlösungsverhalten extrem rigid sind und große Schwierigkeiten haben, einmal erarbeitete Problemlösungen auf andere Aufgaben zu übertragen, so daß erreichte Lernschritte nicht zu einer Generalisierung in anderen Verhaltensbereichen führten [20, 49].

Das Vorliegen kognitiver Störungen beim schizophrenen Erkrankten wurde schon von Kraepelin und Bleuler vor allem als Störung der Aufmerksamkeit beschrieben und hat seither Anlaß zu zahlreichen psychophysiologischen Untersuchungen und Theorien gegeben [57]. Bedeutsam ist die Betrachtungsweise, daß es sich dabei nicht nur um ein Symptom der schizophrenen Erkrankung oder deren Folge handelt, sondern daß die kognitive Störung gewissermaßen die Basis der Erkrankung ist („Basisstörungs"-Konzept von Huber, Süllwold, Janzarik), aus der erst in der Interaktion mit belastenden Umwelteinflüssen durch die Verarbeitungsversuche des Individuums die schizophrenietypische Symptomatik entsteht [31].

Kognitive Störungen in diesem Sinne können generalisierend als Störung der Informationsverarbeitung bezeichnet werden, wobei als wichtigste Bereiche betroffen sind: Unterscheidung relevanter und irrelevanter Reize, Fähigkeit zur fokussierten Reizverbreitung, Reizerkennung, -identifikation und -speicherung, Verfügbarkeit früherer Erfahrungen für Vergleichsprozesse [6].

Es war naheliegend, Trainingsprogramme zur Verbesserung dieser Funktionen zu entwickeln, wobei sich jedoch zeigte, daß das bloße Üben abstrakter Funktionen wenig befriedigende Resultate erbrachte [3, 5]. Bewährt hat sich hingegen die Einbettung des Trainings kognitiver Fähigkeiten in ein Training sozialer Fertigkeiten. Das von Brenner in diesem Sinne entwickelte, gestufte Therapieprogramm erbrachte Verbesserungen sowohl der kognitiven als auch der verhaltensmäßigen Funktionen [28, 36], die sich auch nach 18 Monaten noch nachweisen ließen [7].

Ohne direkten Zusammenhang mit den dargelegten Überlegungen zum kognitiven Defizit Schizophrener wurden schon früher, vor allem im angelsächsischen Raum, Übungsprogramme zur Verbesserung der sozialen Anpassung psychiatrischer Patienten — nicht nur schizophrener — entwickelt [4, 23, 24].

In zahlreichen Studien zeigten sich die solcherart behandelten schizophrenen Patienten (bei gleichzeitig laufender neuroleptischer Medikation) den Teilnehmern der Kontrollgruppe sowohl in bezug auf die vermittelten sozialen Fertigkeiten als auch im allgemeinen psychischen Befinden überlegen [2, 5 – 7, 11, 21, 42, 43].

Trotz dieser erfreulichen Ergebnisse bleiben einige Probleme offen, deren Lösung den zukünftigen Stellenwert dieser Behandlungsmethode entscheiden wird.

So scheint es noch nicht ausreichend klar, wie lange man das Anhalten des positiven Effekts des Trainings erwarten kann: Bei kurzen, wenig intensiv durchgeführten Trainingsprogrammen fand man keinen therapieüberdauernden Effekt [45]. Bei intensiven Programmen konnten die positiven Effekte noch 18 [7] bzw. 25 Monate [42] nach Therapieende nachgewiesen werden. Manche Autoren neigen aber zur Ansicht, daß bei der rezidivierenden Schizophrenie, so wie bei anderen chronischen Erkrankungen, lebenslange Behandlungsbemühungen notwendig sind, um dauerhafte Verbesserungen zu erreichen [2, 22].

Nicht alle Patienten zeigen während eines derartigen Trainingsprogrammes gleichermaßen Fortschritte, und es wäre wünschenswert, diesbezüglich zu differentiellen Indikationen zu kommen. Vor allem, wenn ein Programm (gewollt oder ungewollt) zu sehr interpersonelle Konflikte in den Vordergrund stellt, zeigte sich, daß die Patienten sogar schlechter als die Kontrollgruppe abschnitten und vermehrt Rückfälle aufwiesen [12, 13]. Patienten mit höheren Psychopathologiescores müssen als verwundbarer eingeschätzt werden [25], so daß derartige Behandlungsverfahren bei nicht voll remittierten Patienten nur mit großer Vorsicht angewendet werden sollten.

„Expressed Emotion" (EE)

Mit dem Konzept der „Expressed Emotion" ist es gelungen, einen Zusammenhang zwischen dem emotionalen Klima innerhalb der Familie und der Rückfallshäufigkeit bei Schizophrenen herzustellen. Schon 1962 veröffentlichten Brown et al. [8] eine Untersuchung, aus der ersichtlich war, daß Patienten, die bei Angehörigen mit hohem Emotionalitäts-Niveau lebten, häufiger Rehospitalisationen aufwiesen. In späteren Untersuchungen wurde ein Instrument zur Messung der Intensität der Angehörigen-Emotionalität, das „Camberwell Family Interview" (CFI), entwickelt, wobei die Faktoren „kritische Bemerkungen", „Feindseligkeit" und „emotionelles Überengagement" als prognostisch von entscheidender Bedeutung den „EE-Index" bilden [9, 10].

Weite Verbreitung fanden diese Ergebnisse erst durch ihre eindrucksvolle Bestätigung in einem Replikationsversuch von Vaughn und Leff 1976 [58]: Die Rezidivrate innerhalb von neun Monaten lag bei den Patienten in Familien mit niedrigem EE-Index (geringes Ausmaß an Kritik, Feindseligkeit und emotionellem Überengagement) bei 12% (mit Neuroleptikatherapie) bzw. 15% (ohne Neuroleptika), hingegen bei Patienten in Familien mit hohem EE-Index bei 54% (mit Neuroleptika) bzw. 92% (ohne Neuroleptika), soferne der Patient viel mit seinen Angehörigen beisammen war (mehr als 35 Stunden/Woche).

Das Konzept der „Expressed Emotion" hat seither große Bedeutung innerhalb der sozialpsychiatrischen Schizophrenieforschung erlangt und ist auch für die alltägliche Praxis des Umgangs mit Schizophrenen bedeutsam [33, 34, 41, 50]. Von besonderem Interesse sind die Bemühungen, durch spezielle Behandlungsprogramme (zumeist edukativ oder verhaltenstherapeutisch orientiert) Familien mit hohem EE-Index in ihrem emotionellen Niveau zu reduzieren und so erstmalig einen empirisch abgesicherten nicht-pharmakologischen Beitrag zur Rezidivprophylaxe zu leisten. Tatsächlich gelingt es in den meisten Untersuchungen, sowohl das

Niveau des EE-Index zu senken als auch den Nachweis zu führen, daß in den Familien mit reduziertem EE-Index weniger Rezidive auftreten [29, 30, 37, 40, 41].

Die vielversprechenden Ergebnisse dieser Untersuchungen haben die Forschung stark stimuliert und bereits zu breiter Anwendung derartiger Behandlungsstrategien geführt. Wenngleich der Zusammenhang zwischen einem hohen EE-Index der Familien und einer erhöhten Rezidivhäufigkeit als gesichert gelten kann, gibt es doch noch zahlreiche offene Fragen.

1. Es gibt noch keine ausreichende Evidenz dafür, die hohen EE-Werte als Ursache des Rezidivs anzusehen (sie könnten ebenso Folge des Rezidivs, der Psychopathologie oder Persönlichkeit des Patienten sein).

2. Die Gültigkeit des EE-Konzepts ist bis jetzt nur für Männer, die bei ihren Eltern lebten, nachgewiesen [30].

3. Die Effektivität der Programme zur Rezidivprophylaxe durch Reduktion des EE-Index bedarf in Anbetracht der bisher doch eher niedrigen Fallzahlen noch weiterer Absicherung. Zukünftige Studien sollten nicht nur die Rezidivhäufigkeit (d. h. das Auftreten produktiv-psychotischer Symptomatik) sondern auch andere Outcome-Kriterien wie negative Symptome und soziale Anpassung untersuchen, um sicherzustellen, daß die geringere Quote von Rezidiven in Familien mit niedrigem EE-Index nicht mit Verschlechterungen in anderen Bereichen erkauft wird [35]. Auch hier erhebt sich die Frage, wie lange die positiven Effekte andauern: In den Untersuchungen, die über die 9- bis 12-Monate-Katamnesezeit hinausgehen, zeigte sich im zweiten Jahr eine Zunahme der Rückfälle, so daß Hogarty et al. [29, 30] meinen, man sollte eher von einem „Aufschieben" denn Verhindern des Rückfalls sprechen.

4. Die Formulierung des EE-Index erfolgte empirisch und erhält seine Legitimation durch seine prädiktive Aussagekraft — das zugrunde liegende psychologische Konstrukt ist aber undefiniert [35]. Auf welchem Wege Verhalten der Angehörigen produktiv-psychotische Symptomatik begünstigt, ist im Detail noch unklar, auch wenn es erste Erklärungsansätze im Bereich der Psychophysiologie gibt [54, 44]. Zwar läßt sich das EE-Konzept gut mit den Ergeb-

nissen der Life-events-Forschung [14] und der allgemeinen Konzeption des Vulnerabilitäts-Streß-Modells [60] in Einklang bringen, was allerdings an der prinzipiellen Problematik nichts ändert.

Die neuen psychosozialen Behandlungsverfahren des kognitiven Trainings, des Trainings der sozialen Fertigkeiten und der familienorientierten Programme auf der Grundlage des Konzepts der „Expressed Emotion" sind vielerorts mit großem Interesse aufgenommen und nachvollzogen worden. Hogarty et al. [30] sehen zu Recht die Gefahr, daß „Psychoedukation in ein Vakuum vermittelt wird", d. h. über die Vermittlung von Information und Übungsprogrammen der Beziehungsaspekt des Patient-Therapeuten-Verhältnisses zu kurz kommt. Gerade weil diese Verfahren „benutzerfreundlich" als gut strukturierte Programme konzipiert sind, könnte man sich der Illusion hingeben, es wäre damit getan, sie durchzuführen. Allein die Kooperation der Patienten sicherzustellen, erweist sich oft als ein äußerst schwieriges Problem [43]. Wie so oft, wird auch hier die Fähigkeit des Therapeuten, ein tragfähiges Bündnis mit dem Patienten (und seiner Familie) herzustellen, über alle Konzepte hinaus den Ausgang der Behandlung bestimmen.

Literatur

1. Barrowclogh C, Tarrier N (1984) "Psychosocial" interventions with families and their effects on the course of schizophrenia: a review. Psychol Med 14: 629 – 642
2. Bellack AS (1986) Das Training sozialer Fertigkeiten zur Behandlung chronisch Schizophrener. In: Böker W, Brenner HD (Hrsg) Bewältigung der Schizophrenie. Hans Huber, Bern Stuttgart Toronto
3. Bender W, Gerz L, John K, Mohr F, Vaitl P, Wagner U (1987) Kognitive Trainingsprogramme bei Patienten mit schizophrener Residualsymptomatik. Untersuchung über Wirksamkeit und klinische Erfahrungen. Neuropsychiatrie 2: 212 – 217
4. Brady JP (1984) Social skills training for psychiatric patients. II. Clinical outcome studies. Am J Psychiatry 141: 491 – 498
5. Brenner HD, Seeger G, Stramke WG (1980) Evaluation eines spezifischen Therapieprogramms zum Training kognitiver und kommunikativer Fähigkeiten in der Rehabilitation chronisch schizophrener Patienten in einem naturalistischen Feldexperiment. In: Hautzinger M, Schulz W (Hrsg) Klinische Psychologie und Psychotherapie, Bd 4. DGVT, Tübingen, S 31 – 47

6. Brenner HD (1986) Zur Bedeutung von Basisstörungen für Behandlung und Rehabilitation. In: Böker W, Brenner HD (Hrsg) Bewältigung der Schizophrenie. Hans Huber, Bern Stuttgart Toronto

7. Brenner HD, Hodel B, Kube K, Roder V (1987) Kognitive Therapie bei Schizophrenen: Problemanalyse und empirische Ergebnisse. Nervenarzt 58: 72−83

8. Brown GW, Monck EM, Carstaors GM, Wing JK (1972) Influence of family life on the course of schizophrenic disorders: a replication. Br J Psychiatry 121: 241−258

9. Brown GW, Rutter M (1966) The measurement of family activities and relationships. Human relations 19: 241−263

10. Brown GW, Birley JLT, Wing JK (1972) Influence of family life on the course of schizophrenic disorders: a replication. Br J Psychiatry 121: 241−258

11. Brown MA, Munford AM (1983) Life skills training for chronic schizophrenics. J Nerv Ment Dis 171: 466−470

12. Buchkremer G, Schulze-Mönking H (1986) Die Effizienz von therapeutischen Angehörigen- und Selbsthilfegruppen bei der Rezidivprophylaxe schizophrener Patienten. In: Böker W, Brenner HD (Hrsg) Bewältigung der Schizophrenie. Hans Huber, Bern Stuttgart Toronto

13. Buchkremer G, Fiedler P (1987) Kognitive versus handlungsorientierte Therapie. Nervenarzt 58: 481−488

14. Canton G, Fraccon IG (1985) Life events and schizophrenia. A replication. Acta Psychiatr Scand 71: 211−216

15. Carlson CG (1972) Token economy programs in the treatment of hospitalized adult psychiatric inpatients. J Nerv Ment Dis 155: 192−204

16. Ciompi L, Dauwalder HP, Agué C (1979) Ein Forschungsprogramm zur Rehabilitation psychisch Kranker. III. Längsschnittuntersuchung zum Rehabilitationserfolg und zur Prognostik. Nervenarzt 50: 366−378

17. Ciompi L (1980) Ist die chronische Schizophrenie ein Artefakt? Argumente und Gegenargumente. Fortschr Neurol Psychiatr 48: 366−378

18. Ciompi L (1982) Affektlogik. Klett-Cotta, Stuttgart

19. Ciompi L (1986) Auf dem Weg zu einem kohärenten multidimensionalen Krankheits- und Therapieverständnis der Schizophrenie: konvergierende neue Konzepte. In: Böker W, Brenner HD (Hrsg) Bewältigung der Schizophrenie. Hans Huber, Bern Stuttgart Toronto

20. Cohen R, Florin J, Grusche A, Meyer Osterkamp S, Sell H (1972) The introduction of a token economy in a psychiatric ward with extremely withdrawn schizophrenics. Behav Res Ther 10: 69−74

21. Falloon IRH, Lindley P, McDonald R, Marks IM (1977) Social skills training of outpatient groups. Br J Psychiatry 131: 595−609

22. Gmür M (1986) Schizophrenieverlauf und Entinstitutionalisierung. Enke, Stuttgart

23. Goldberg Sc, Schooler NR, Hogarty GE, Roper M (1977) Prediction of relapse in schizophrenic outpatients treated by drug and sociotherapy. Arch Gen Psychiatry 34: 171−184

24. Goldstein AP, Sprafkin RP, Gershaw WJ (1976) Skill training for community living: applying structured learning therapy. Pergamon Press, New York

25. Goldstein AP, Sprafkin RP, Gershaw WJ (1976) Skill training for community living: applying structured learning therapy. Pergamon Press, New York

26. Hartwich P (1983) Kognitive Störungen bei Schizophrenen. Nervenarzt 54: 455−466

27. Hemsley DR (1978) Limitations of operant procedures in the modification of schizophrenic functions: the possible relevance of studies of cognitive disturbances. Behavioural Analysis and Modification 2: 165−173

28. Hermanutz M, Gestrich J (1987) Kognitives Training mit Schizophrenen. Nervenarzt 58: 91−96

29. Hogarthy GE, Anderson C (1986) Eine kontrollierte Studie über Familientherapie, Training sozialer Fertigkeiten und unterstützende Chemotherapie in der Nachbehandlung Schizophrener. Vorläufige Effekte auf Rezidive und expressed emotion nach einem Jahr. In: Böker W, Brenner HD (Hrsg) Bewältigung der Schizophrenie. Hans Huber, Bern Stuttgart Toronto

30. Hogarty GE, Anderson CM, Reiss DJ, Kornblith SJ, Greenwald DP, Javna CD, Madonia MJ (1986) Family psychoeducation, social skills training and maintainance chemotherapy in the aftercare treatment of schizophrenia. Arch Gen Psychiatry 43: 633−642

31. Huber G (1983) Das Konzept substratnaher Basissymptome und seine Bedeutung für Theorie und Therapie schizophrener Erkrankungen. Nervenarzt 54: 23−32

32. Janzarik W (1983) Basisstörungen. Nervenarzt 54: 122−130

33. Katschnig H, Konieczna T (1984) Neue Formen der Angehörigenarbeit. In: Katschnig H (Hrsg) Die andere Seite der Schizophrenie − Patienten zu Hause. Urban & Schwarzenberg, München Wien Baltimore

34. Katschnig H, Konieczna T (1985) Psychosoziale Rehabilitationsmöglichkeiten bei der Schizophrenie. In: Schöny W, Rainer E, Brandstetter I, Kris MTH (Hrsg) Die Therapie der Schizophrenie. Ronacher, München

35. Koenigsberg HW, Handley R (1986) Expressed emotion: from predictive index to clinical construct. Am J Psychiatry 143: 1361−1373

36. Kraemer S, Sulz KHD, Schmid R, Lässle R (1987) Kognitive Therapie bei standardversorgten schizophrenen Patienten. Nervenarzt 58: 84−90

37. Kuipers L, Berkowitz R, Eberlein-Vries R, Leff J (1983) Familienerfahrung mit der Schizophrenie: Möglichkeiten der Modifikation. Nervenarzt 54: 139−143

38. Kuipers L (1987) Research in expressed emotion. Soc Psychiatry 22: 216−220

39. Leff JP (1977) Die Angehörigen und die Verhütung des Rückfalls. In: Katschnig H (Hrsg) Die andere Seite der Schizophrenie − Patienten zu Hause. Urban & Schwarzenberg, Wien München Baltimore

40. Leff J, Kuipers L, Berkowitz R, Eberlein-Vries R, Sturgeon D (1982) A controlled trial of social intervention in the families of schizophrenic patients. Br J Psychiatry 141: 121−134

41. Leff J (1986) Die therapeutische Beeinflussung der familiären Umgebung schizophrener Patienten. In: Böker W, Brenner HD (Hrsg) Bewältigung der Schizophrenie. Hans Huber, Bern Stuttgart Toronto

42. Liberman RP, Mueser KT, Wallace CJ (1986) Social skills training for schizophrenic individuals at risk for relapse. Am J Psychiatry 143: 523−526

43. Liberman RP, Jacobs HE, Boone SE, Foy DW, Donahoe CS, Falloon IRH, Blackwell G, Wallace CJ (1986) Fertigkeitstraining zur Anpassung Schizophrener an die Gemeinschaft. In: Böker W, Brenner HD (Hrsg) Bewältigung der Schizophrenie. Hans Huber, Bern Stuttgart Toronto

44. Meyer JE (1984) Die Therapie der Schizophrenie in Klinik und Praxis. Nervenarzt 55: 221−229

45. Möller HJ, Nobis E, Möller C (1981) Erfahrungen beim Aufbau eines Realitätstrainings für schizophrene Patienten. Psychother Med Psychol 31: 74−82

46. Müller P (1983) Was sollen wir Schizophrenen raten: Medikamentöse Langzeitprophylaxe oder Intervallbehandlung? Nervenarzt 54: 477

47. Olbrich R (1983) Expressed Emotion (EE) und die Auslösung schizophrener Episoden: eine Literaturübersicht. Nervenarzt 54: 113−121

48. Olbrich R (1987) Die Verletzbarkeit der Schizophrenen: Zubins J. Konzept der Vulnerabilität. Nervenarzt 58: 65−71

49. Rey E-R, Oldings J (1981) Eine experimentelle Untersuchung über Strategielernen Schizophrener und Konsequenzen für die Therapie. In: Brengelmann JC (Hrsg) Entwicklung der Verhaltenstherapie in der Praxis. Themen der Verhaltenstherapiewoche in Riva, München

50. Rittmannsberger H (1985) Die Bedeutung des therapeutischen Milieus in der stationären Langzeitrehabilitation Schizophrener. In: Schöny W, Rainer E, Brandstetter I, Kris MTH (Hrsg) Die Therapie der Schizophrenie. Ronacher, München
51. Rittmannsberger H (1987) Die Langzeitprognose der Schizophrenie. Öst Ärzteztg 42: 31 – 34
52. Süllwold L (1977) Symptome schizophrener Erkrankungen. Uncharakteristische Basisstörungen. Monographien aus dem Gesamtgebiet der Psychiatrie. Springer, Berlin Heidelberg New York
53. Süllwold L (1986) Basisstörungen: Instabilität von Hirnfunktionen. In: Böker W, Brenner HD (Hrsg) Bewältigung der Schizophrenie. Hans Huber, Bern Stuttgart Toronto
54. Tarrier N, Vaughn C, Lader MH, Jeff JH (1979) Bodily reactions to people and events in schizophrenics. Arch Gen Psychiatry 36: 311 – 315
55. Tarrier N, Barrowclough C (1987) A longitudinal psychophysiological assessment of a schizophrenic patient in relation to the expressed emotion of his relatives. Behavioural Psychotherapy 15: 45 – 57
56. Taylor MA, Abrams R (1984) Cognitive impairment in schizophrenia. Am J Psychiatry 41: 196 – 201
57. Ulrich G, Gaebel W (1987) Zur Psychophysiologie schizophrener Aufmerksamkeitsstörung – Konzepte, Befunde und Arbeitshypothesen. Fortschr Neurol Psychiatr 55: 273 – 278
58. Vaughn C, Leff J (1976) The influence of family and social factors on the course of psychiatric illness. Br J Psychiatry 129: 125 – 137
59. Zimmermann V, Blumhoff W (1987) Erfahrungen mit einem Münzsystem bei der Behandlung psychiatrischer Langzeitpatienten. Nervenarzt 49: 228 – 334
60. Zubin J, Spring B (1977) Vulnerability: a new view of schizophrenia. J Abnorm Psychol 86: 103 – 126

Anschrift der Verfasser: Dr. H. Rittmannsberger, Wagner-Jauregg-Krankenhaus, A-4020 Linz, Österreich.

Einsatz psychosozialer Behandlungsverfahren in der Psychiatrie

W. Schöny und **H. Rittmannsberger**

Wagner-Jauregg-Krankenhaus des Landes Oberösterreich, Linz,
Österreich

Zusammenfassung

Die Bedeutung psychosozialer Behandlungsmaßnahmen im Rahmen eines
integrativen psychobiologischen Therapiekonzeptes ist zwar theoretisch
unbestritten, im praktischen Alltag aber nur unzureichend verwirklicht.
Es ist daher als eine der Hauptaufgaben zukünftiger psychiatrischer Therapie anzusehen, die nachweislich wirksamen Konzepte in den psychiatrischen Alltag — auch in peripheren Versorgungskrankenhäusern — einzubauen. In diesem Beitrag werden im besonderen die Arbeit mit Angehörigen psychisch Kranker, die Laienarbeit und Selbsthilfemöglichkeiten
erörtert. Nur die Einbindung all dieser Verfahren kann heutzutage eine
optimale Behandlung schizophrener Menschen gewährleisten und ihr soziales Netzwerk erweitern.

Schlüsselwörter: Psychosoziale Therapiemethoden, Angehörigenarbeit,
Laienarbeit, Patientenselbsthilfe, soziales Netzwerk.

Summary

Psychosocial therapeutic strategies in psychiatry. Psychosocial therapeutic
strategies are part of a complete psychobiological concept of psychiatric
therapy. All efforts should be done to integrate this methods in the daily
psychiatric routine, which has not be done till now. In this referate work
with families of schizophrenics, help of lay-persons and self-management-
methods are described. All these methods have to be integrated in the
optimal therapy of schizophrenic people for widening their social network.

Keywords: Psychosocial therapeutic methods, family work, social network, self-management-methods, lay-persons-work.

Die Wirksamkeit verschiedenster Behandlungsansätze im psychosozialen Umfeld des Patienten ist vielfach nachgewiesen und verschiedenste Therapiemöglichkeiten wurden beschrieben [1, 16, 19]. Vielfach handelt es sich dabei um wissenschaftlich geprüfte Therapieprogramme, die an einer mehr oder weniger großen Gruppe schizophrener Patienten angewandt wurden, die jedoch in die breite Versorgung psychisch Kranker nur zögernd Eingang finden. Wir wissen, daß wir mit Angehörigen in verschiedenster Weise arbeiten müssen und können; wir kennen soziale Therapieprogramme am einzelnen, um seine sozialen und kognitiven Defekte zu minimieren; wir wissen, wobei er beschützender Maßnahmen bedarf, und wir kennen die Probleme Angehöriger, die ein Leben lang dauernd und unmittelbar mit den Alltagsproblemen des an Schizophrenie erkrankten Angehörigen konfrontiert sind. Die Umsetzung dieses Wissens in die alltägliche therapeutische Praxis stößt jedoch auf pragmatische Schwierigkeiten. Es ist mittlerweise weitgehende Einigkeit darüber erzielt worden, daß die medikamentöse Basistherapie, den verschiedenen Stadien der Erkrankung angepaßt, erst die Voraussetzung für weitere Maßnahmen schafft; ob eine medikamentöse Dauertherapie oder eine frühzeitig medikamentöse Intervention [9] zu bevorzugen ist, wird diskutiert und wissenschaftlich in größeren Serien untersucht.

Besondere Bedeutung haben die Untersuchungen zum Netzwerk schizophrener Menschen [10, 11]. Es zeigt sich, daß Schizophrene eine veränderte Struktur des sozialen Netzwerkes aufweisen und daß dieses auch wesentlich kleiner ist, als dies bei normalen Personen der Fall ist. Wieweit dies krankheitsbedingte Veränderungen sind oder aber prämorbide Faktoren, die bei einer schlecht verlaufenden Gruppe sich ungünstig auswirken, bleibt bisher unbewiesen. Es ist zweifellos so, daß Schizophrene im Laufe ihrer Krankheit zunehmend isoliert werden, sich vorwiegend im Milieu der Herkunftsfamilie bewegen und dort ihre Hauptkontakte aufweisen. Wegen der sehr großen Arbeitslosenrate und hohen Rate der Frühberentungen fehlen ja gerade auch am Arbeitsplatz die entsprechenden Sozialkontakte. Schizophrene haben also in ihren Sozialkontakten weniger Untergruppen, wogegen der Anteil an familiären Kontakten größer ist. Diese Angaben gelten zumindest für den großen Anteil der ungünstiger verlaufenden Schizophrenen. Es scheint deshalb eine der wesentlichsten Therapiestrategien zu sein, am Netzwerk der Betroffenen anzusetzen.

Dies kann im Sinne einer direkten „Netzwerktherapie" geschehen [14] oder aber indirekt durch den Aufbau und die Förderung neuer bzw. bestehender sozialer Netzwerke. Diese Maßnahmen sollen als „Brücke" zu einem Leben außerhalb psychiatrischer Institutionen dienen. Beschützende Wohneinrichtungen und Einrichtungen für beschütztes Arbeiten in den verschiedenen Abstufungen sollen hier zwar erwähnt, aber nicht besprochen werden. Im speziellen sollen hier Aspekte der Angehörigenarbeit, der Laienarbeit und der Selbsthilfemöglichkeiten des Patienten besprochen werden.

Angehörigenarbeit

Wie schon erwähnt, bilden Angehörige für den betroffenen Schizophrenen den Hauptteil seines sozialen Umfeldes. Es ist also von ihrem Verhalten und von ihrer Begegnung dem Kranken gegenüber sehr oft abhängig, wie sich die Krankheit und die Störungen des Kranken auswirken. Sie müssen also ausreichend über die Krankheit, deren Auswirkungen und Verlauf sowie über den richtigen Umgang mit dem Kranken informiert werden. Dies kann durchaus auch in Gruppen stattfinden, da dadurch die Arbeit ökonomischer und suffizienter wird. Ziele dieser Angehörigengruppen sind die Beseitigung des emotionalen Überengagements und die Möglichkeit, Krisensituationen bewältigen zu können [12]. Die Experten sollten sich im Sinne eines Selbsthilfeberaters zur Verfügung stellen. Methodisch werden in der Literatur verschiedene Ansätze der Arbeit mit Angehörigen referiert, die sich zum Teil recht grundsätzlich voneinander unterscheiden [3, 5, 8, 13].

Zu erwähnen wären auch die zahlreichen familientheoretischen und systemorientierten Ansätze der Behandlung von Schizophrenen, die ja letztlich auch eine Beeinflussung des sozialen Netzwerkes darstellen. Allerdings scheint hier der theoretisch-ätiologische Standpunkt etwas überzogen zu sein.

Angehörigenarbeit in irgendeiner Form dürfte in allen psychiatrischen Therapieeinrichtungen Eingang gefunden haben. Es ist jedoch anzuzweifeln, daß diese breiten Anwendungsgebiete einem konsistenten theoretischen Ansatz folgen; vielmehr ist anzunehmen, daß die Angehörigen in erster Linie noch als Lieferanten für Informationen angesehen werden und daß sie in zweiter Linie Verhaltensanweisungen erhalten, denen sie ohne weitere Hilfestellung nicht Folge leisten können. Regelmäßige Kontakte scheitern aber oft an einfachen äußeren Gegebenheiten, wie Entfernung zwischen Wohnort und Familie, Therapeutenangebot, mangelnden Finanzierungsmöglichkeiten u. ä. Andererseits sind die angebotenen Programme für die tägliche Praxis häufig ungeeignet, da sie einen zu hohen Aufwand an Personal und Zeit erfordern. Das Einbringen des bisher als gesichert anzusehenden Wissens wäre eine Forderung, die in der psychiatrischen Alltagsroutine unbedingt zu stellen ist.

Laienarbeit

Die Mitarbeit von Laienhelfern in der sozialpsychiatrischen Versorgung hat sich seit Jahrzehnten bewährt. Laien [17] können Aufgaben erfüllen, die professionelle Mitarbeiter in gleicher Weise oft nicht erfüllen können. Dies scheitert einerseits an dem zeitlichen Rahmen, der bei Professionisten meist sehr eng gesteckt ist, andererseits ist der emotionale Zugang von Laien häufig sehr spontan und offen, was viel schneller Veränderungen im sozialen Bereich bewirken kann. Die Methodik der Laienarbeit kann sehr unterschiedlich sein. In unserem Bereich in Oberösterreich — hier ist die Laienarbeit sehr verbreitet — bewährte sich folgendes Vorgehen:

In den einzelnen politischen Bezirken werden die Mitarbeiter über bestehende Organisationen rekrutiert und in einem zweitägigen Informationslehrgang integriert. Hierbei werden Informationen über den Umfang mit den wesentlichen Krankheitsgruppen vermittelt. In den einzelnen Regionen bilden sich dann Laiengruppen, die unter regelmäßiger, in 14tägigem Abstand abgehaltener Supervision stehen. Der regional zuständige niedergelassene Nervenarzt nimmt ebenfalls an diesen Supervisionsveranstaltungen teil. Patienten werden teils hier vermittelt, teils kommen sie über den Sozialdienst des Nervenkrankenhauses und teils sprechen sie die Mitarbeiter direkt an. Mitarbeiter stammen aus verschiedensten Berufen und Ortschaften. Sie versuchen, die kontaktarmen, antriebslosen Kranken in den regional üblichen Sozialbereich einzugliedern. Konkret besuchen sie mit den zu Betreuenden öffentliche Veranstaltungen, Cafés und integrieren sie in Ausflügen. Aus einigen dieser Laiengruppen sind von den Laienmitarbeitern betreute Patientenklubs entstanden. Laienarbeit ist ehrenamtlich, lediglich die Supervisoren müssen bezahlt werden. Im Bundesland Oberösterreich (1,2 Millionen Einwohner) bestehen derzeit zehn Laiengruppen mit etwa 150 Mitarbeitern. Diese betreuen etwa 200 psychisch behinderte Personen. Diese Form der Betreuung scheint dem Gedanken einer gemeindenahen Psychiatrie am nächsten zu kommen. Der Einsatz der Laienhelfer am Ort wirkt auch den nach wie vor sehr ausgeprägten negativen Einstellungen, die in der Öffentlichkeit Schizophrenen gegenüber bestehen, entgegen [7].

Das Eintreten von anerkannten Bürgern für die Belange des psychisch Behinderten stellt in dieser Form in kleinen Kommunen wohl die beste Möglichkeit dar, bestehende Einstellungen zu verändern.

Patientenselbsthilfe

Fast nirgends ist die Fähigkeit der Selbsthilfe so eingeschränkt wie bei Kranken mit schizophrenen Psychosen. Jahrzehntelang wurde daher der Aspekt der Mitarbeit des Patienten weitgehendst vernachlässigt. In den letzten Jahren, unter dem Eindruck der allgemein verbesserten Behandlungsmöglichkeiten, wurde die Bedeutung der Selbsthilfe zunehmend erkannt und Möglichkeiten zur Verbesserung der Mitarbeit des Patienten erforscht [2, 6, 18, 20]. Selbst-Management-Techniken wurden entwickelt, die es dem Betroffenen ermöglichen sollen, seine Bewältigungsstrategien zu verbessern. Voraussetzung ist es allerdings, zunächst eine ausreichende Compliance zu erzielen. Die Fähigkeit der Selbststeuerung ist abhängig vom individuellen Patienten, dem aktuellen Stand seiner Psychose, seiner Grundpersönlichkeit und Intelligenz. Erkennen und Reaktionen auf Frühsymptome, Erkennen auslösender Situationen, Selbstmedikation im Krisenfall sind einige der zu erlernenden Fähigkeiten, um mit der Psychose besser fertig zu werden. Nicht jeder Patient wird einen ausreichenden Stand an Selbststeuerungsmöglichkeit erreichen können, die Ziele sollten gemeinsam mit dem Therapeuten abgesteckt werden und schrittweise gegangen werden. Nur bei einer ausgezeichneten Arzt-Patienten-Beziehung werden hier optimale Ergebnisse zu erzielen sein. Gegenseitiges Vertrauen ist die Grundlage dieser Beziehung. Dieses Vertrauen ist durch einen einfachen, klaren und eindeutigen Umgangsstil zu erreichen [4, 15].

Die Umsetzung des Wissens um die Möglichkeiten psychosozialer Behandlungsmethoden, welche natürlich in das gesamte psychobiologische Therapiekonzept integriert sein muß, sollte einer der Schwerpunkte in der psychiatrischen Arbeit der nächsten Jahre sein.

Literatur

1. Böker W, Brenner HD (1986) Bewältigung der Schizophrenie. Hans Huber, Bern Stuttgart Toronto
2. Böker W (1986) Zur Selbsthilfe Schizophrener: Problemanalyse und eigene empirische Untersuchungen. In: Böker W, Brenner HD (Hrsg) Bewältigung der Schizophrenie. Hans Huber, Bern Stuttgart Toronto
3. Buchkremer G, Lewandowsky L (1984) Therapeutische Gruppenarbeit mit Angehörigen schizophrener Patienten. In: Angermeyer C, Finzen A (Hrsg) Die Angehörigengruppen. Enke, Stuttgart
4. Ciompi L (1986) Auf dem Weg zu einem kohärenten multidimensionalen Krankheits- und Therapieverständnis der Schizophrenie: Konvergierende neue Konzepte. In: Böker W, Brenner HD (Hrsg) Bewältigung der Schizophrenie. Hans Huber, Bern Stuttgart Toronto
5. Falloon JRH (1982) Family management in the prevention of exacerbations of schizophrenia. A controlled study. N Engl J Med 206: 206

6. Falloon JRH (1986) Kognitive und verhaltenstherapeutische Beeinflussungsmöglichkeiten der Selbstkontrolle Schizophrener. In: Böker W, Brenner HD (Hrsg) Bewältigung der Schizophrenie. Hans Huber, Bern Stuttgart Toronto

7. Grausgruber A, Schöny W (1985) Schizophrenie und öffentliche Meinung. In: Schöny W, Rainer E, Brandstetter I, Kris A (Hrsg) Die Therapie der Schizophrenie. Ronacher, München

8. Hell D (1988) Angehörigenarbeit und Schizophrenieverlauf. Nervenarzt 59: 66−72

9. Hirsch SR, Joplly AG, Machenda R, Rink AM (1986) Frühzeitige medikamentöse Intervention als Alternative zur Depot-Dauermedikation in der Schizophreniebehandlung: Ein vorläufiger Bericht. In: Böker W, Brenner HD (Hrsg) Bewältigung der Schizophrenie. Hans Huber, Bern Stuttgart Toronto

10. Hirschberg W (1988) Soziale Netzwerke bei schizophrenen Störungen − eine Übersicht. Psychiat Praxis 15: 84−89

11. Katschnig H, Konieczna T (1984) Psychosoziales Netzwerk und Rehabilitation psychisch Kranker. In: Andel H von, Pittrich W (Hrsg) Neue Konzepte der Behandlung und Rehabilitation chronisch psychisch Kranker. Schriftenreihe des Landschaftsverbandes Westfalen-Lippe, Münster

12. Katschnig H, Konieczna T (1986) Die Philosophie und Praxis der Selbsthilfe für Angehörige psychisch Kranker. In: Böker W, Brenner HD (Hrsg) Bewältigung der Schizophrenie. Hans Huber, Bern Stuttgart Toronto

13. Leff J (1986) Die therapeutische Beeinflussung der familiären Umgebung schizophrener Patienten. In: Böker W, Brenner HD (Hrsg) Bewältigung der Schizophrenie. Hans Huber, Bern Stuttgart Toronto

14. Pattison EM, Pattison ML (1981) Analysis of a schizophrenic psychosocial network. Schizophr Bull 7: 135−143

15. Rittmannsberger H (1985) Die Bedeutung des therapeutischen Milieus in der stationären Langzeitrehabilitation Schizophrener. In: Schöny W, Rainer E, Brandstetter I, Kris A (Hrsg) Die Therapie der Schizophrenie. Ronacher, München

16. Rittmannsberger H, Schöny W (1990) Neue psychosoziale Verfahren in der Behandlung schizophrener Patienten. In: Schönbeck G, Platz T (Hrsg) Schizophrene erkennen, verstehen, behandeln. Springer, Wien New York, S 121−132 (Aktuelle Probleme der Schizophrenie, Bd 1)

17. Schöny W (1983) Laienhilfe in der Nachbetreuung psychisch Kranker. Prakt Arzt 38: 955−961

18. Strauss JS, Harding CM, Hafez H, Lieberman P (1986) Die Rolle des Patienten bei der Genesung von einer Psychose. In: Böker W, Brenner

HD (Hrsg) Bewältigung der Schizophrenie. Hans Huber, Bern Stuttgart Toronto
19. Wing JK (1985) Influencing the course of schizophrenia. Psychiatry in the 80s 4: 1 − 3
20. Wing JK (1986) Der Einfluß psychosozialer Faktoren auf den Langzeitverlauf der Schizophrenie. In: Böker W, Brenner HD (Hrsg) Bewältigung der Schizophrenie. Hans Huber, Bern Stuttgart Toronto

Anschrift der Verfasser: Univ.-Doz. Prim. Dr. W. Schöny, Wagner-Jauregg-Weg 15, A-4020 Linz, Österreich.

Spezifische Therapieinterventionen
bei schizophrenen Patienten

V. Roder

Psychiatrische Universitätsklinik Bern, Schweiz

Zusammenfassung

Die Bedeutung zusätzlicher psychotherapeutischer Behandlungsverfahren
– neben einer Neuroleptikatherapie – in der Standardversorgung schizophrener Patienten wird erläutert. Das integrierte psychologische Therapieprogramm (IPT), als ein solches verhaltenstherapeutisches Behandlungsverfahren, findet seine ausführliche Besprechung.

Schlüsselwörter: Schizophrenie, integriertes psychologisches Therapieprogramm, Verhaltenstherapie, kognitive Grundfunktionen, soziale Grundfunktionen.

Summary

Specific therapeutic interventions with schizophrenic patients. The impor-
tance of psychotherapeutic treatment methods as an adjunct to neuroleptic
therapy in the basic care of schizophrenic patients is discussed, with particular reference to the integrated psychological therapy programme (IPT),
as a paradigm of behavioural therapeutic treatment procedures.

Keywords: Schizophrenia, integrated psychological therapy programme,
behaviour therapy, cognitive basic functions, social basic functions.

Bis heute ist es (noch) nicht gelungen, für einen der vermuteten
Faktoren nachzuweisen, daß er eine notwendige, geschweige denn
eine hinreichende Bedingung zur Entstehung einer schizophrenen
Psychose ist; und dies trotz acht Jahrzehnten intensiver Schizo-

phrenieforschung zu genetischen, biologischen, entwicklungspsychologischen, psychosozialen und soziologischen Besonderheiten. Ein wesentliches Verdienst der letzten zehn Jahre Forschung ist jedoch, neben bedeutsamen Fortschritten im Verständnis der Genese dieser Störungen [z. B. 5, 14], dem empirisch gut abgesicherten Wissen über Langzeitverläufe [6, 12, 22] und verbesserten und umfangreicheren therapeutischen Möglichkeiten, die internationale Standardisierung und Vereinheitlichung der Diagnosestellung über das DSM-III-R [2, 24]. Dadurch wird eine zufriedenstellende reliable Erfassung der Symptomatik auf phänomenologisch-deskriptiver Ebene möglich.

Die derzeitige Schizophrenieforschung wird geprägt von Bemühungen, integrative Konzepte, die psychologische, soziale und biologische Faktoren sowohl bei der Betrachtung der Krankheitsmanifestation und ihrer Verursachung als auch bei der Entwicklung von Behandlungs- und Rehabilitationsmaßnahmen einschließen, zu entwickeln [1, 4, 16]. Für den Behandlungs- und Rehabilitationsbereich ist der Nutzen einer Neuroleptikabehandlung in akuten Episoden und in der Rückfallprophylaxe heute unbestritten. Aber Neuroleptika allein verbessern weder die Einsichtsfähigkeit des Patienten in seine Probleme, noch führen sie zur Wiedergewinnung seines meist geringen Selbstwertgefühls. Zusätzliche Behandlungsmaßnahmen − auch zur Entwicklung neuer effizienter Verhaltensweisen im mitmenschlichen Kontakt oder bei der Bewältigung (coping) sozialer Situationen − sind deshalb unbedingt notwendig. Die Therapieforschung weist immer wieder auf bessere Behandlungserfolge bei einer Kombination neuroleptischer Therapie mit soziotherapeutischen Verfahren oder psychosozialen Interventionsprogrammen hin [vgl. 7]. Diese nichtmedikamentösen Therapieverfahren erwiesen sich jedoch häufig bezüglich Aufrechterhaltung der Therapieerfolge über die Zeit und bezüglich der Generalisierbarkeit der Therapieeffekte auf andere Situationen außerhalb des Therapierahmens der Patienten als mangelhaft. Teilweise führten sie sogar zu einer Exazerbation der Symptomatik. Ein wesentlicher Grund hierfür dürfte die Unspezifität der Interventionen für schizophrene Patienten sein [2, 23].

Diese Erkenntnisse waren für uns maßgebend für die Entwicklung eines Therapieprogramms, das spezifisch auf schizophrene kognitive und soziale Störungen abzielt [17]. Dieses integrierte psychologische Therapieprogramm (IPT) wurde 1976 am Zentralinstitut für seelische Gesundheit in Mannheim von einer Arbeitsgruppe um H. D. Brenner konzipiert [3] und in den folgenden Jahren von vielen Institutionen übernommen und weiterentwickelt [2, 11, 15].

Das integrierte psychologische Therapieprogramm

Das IPT besteht aus fünf Unterprogrammen: kognitive Differenzierung, soziale Wahrnehmung, verbale Kommunikation, soziale Fertigkeiten, interpersonelles Problemlösen (vgl. ausführliche Darstellungen im Manual, [17]). In den ersten Unterprogrammen stehen kognitive Grundfunktionen im Mittelpunkt der therapeutischen Arbeit. Für viele Patienten bilden diese eine wichtige Vor-

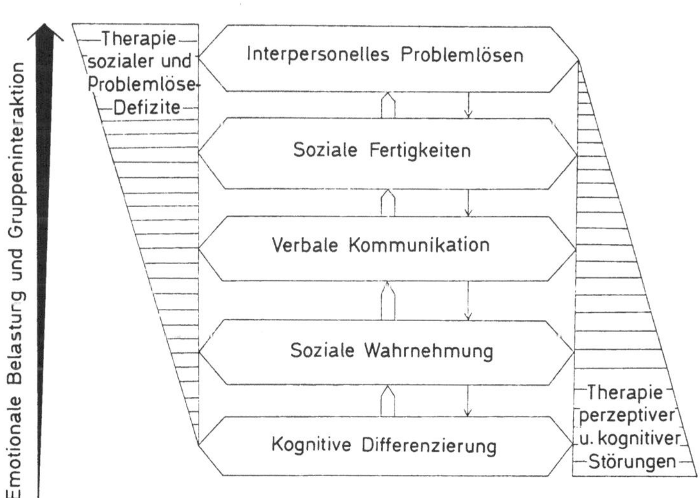

Abb. 1. Schematische Darstellung der fünf psychologischen Gruppentherapieprogramme

aussetzung, um soziale und Problemlösefertigkeiten (re-)etablieren zu können [1]. Jedes Unterprogramm ist in sich so aufgebaut, daß mit zunehmender Therapiedauer die Anforderungen an den einzelnen und an die Gruppe wachsen, das heißt z. B. vom Einfachen und Überschaubaren zum Schwierigen und Komplexen. Über die einzelnen Unterprogramme hinweg nimmt der Anforderungsgrad an die Patienten ebenfalls zu, dies nicht nur inhaltlich, sondern auch bezogen auf das gesamte Therapiesetting: z. B. von zunächst hoher Strukturierbarkeit und Aufgabenorientiertheit zu einer größeren Betonung der spontanen Gruppeninteraktionen, von einem stark direktiven Therapeutenverhalten zu einem weniger direktiven, sich zurücknehmenden Leitungsstil. Dabei ist es wichtig, immer in kleinen Lernschritten vorzugehen und gegebenenfalls lieber länger bei einer Aufgabe zu verweilen als die Gruppe zu überfordern. Um bei den Patienten Transfer und Generalisierung der Übungen in den Therapiegruppen gezielt zu fördern, wird der praktische Klinikalltag unmittelbar in die Übungen der Therapiegruppen miteinbezogen. Beispielsweise können Konflikte der Patienten untereinander bei lebenspraktischen Anforderungen des Stationslebens über die Unterprogramme „Interpersonelles Problemlösen" und „Soziale Fertigkeiten" gut strukturiert aufgearbeitet werden. Eine besondere Rolle innerhalb jedes Unterprogramms spielt der angemessene Umgang mit Emotionen und Affekten. Aus der Expressed-Emotion-Forschung ist hinreichend bekannt, daß Störungen — besonders in der Informationsverarbeitung — immer dann vermehrt auftreten, wenn der Patient einer ihn emotional belastenden Situation ausgesetzt ist. Die Übungen eines Unterprogramms werden entsprechend zunächst jeweils mit sogenanntem „sachlichem" Therapiematerial, von dem angenommen wird, daß es keine emotionale Belastung für die Patienten darstellt, durchgeführt. Mit zunehmender Therapiedauer werden sukzessiv emotional belastende Inhalte eingeführt (dies natürlich schwerpunktmäßig erst bei späteren Unterprogrammen). Das Therapeutenverhalten ist geprägt von Offenheit, Transparenz, Wärme und Akzeptanz.

Beispielhaft wird das Unterprogramm „Soziale Wahrnehmung" etwas ausführlicher dargestellt. Auf die Erläuterung der theoretischen Fundierung dieses Unterprogramms, das auf den experimentellen Ergebnissen der Schizophrenieforschung basiert, soll an dieser Stelle verzichtet werden [vgl. 17].

Das Therapiematerial besteht aus einem Pool von Dias, die von Versuchspersonen bezüglich Stimulikomplexität und emotionaler Belastung eingeschätzt wurden und soziale Situationen darstellen. Zu Therapiebeginn werden den Patienten sehr einfache, gut strukturierte Personenaufnahmen gezeigt. Im Verlauf der Therapie werden dann zunehmend emotional belastende und komplexe Dias eingeführt, d. h. daß für die Patienten die zu verarbeitende Informationsmenge wächst. Die therapeutische Vorgangsweise unterteilt sich dabei bei jedem Dia in drei Hauptschritte: Zunächst sollen nur Einzelheiten beschrieben werden, die der Kotherapeut oder „gute" Patienten immer wieder zusammenfassen. Schließlich werden einzelne Feststellungen (Interpretationen) herausgegriffen und in der Gruppe ausführlich diskutiert, wobei zur Argumentation immer wieder Einzelheiten herangezogen werden, bis ein gemeinsames Gruppenstatement erreicht ist. Es geht also um die Förderung des subjektiven Wahrnehmens und Erlebens auf die Gruppenmeinung hin. Wesentliche Bedeutung kommt dabei einer bewußten kognitiven Umstrukturierung des Wahrnehmungsfeldes und der expliziten Bearbeitung anfänglich vorhandener kognitiver Dissonanzen zu. Zuletzt wird jedes Gruppenmitglied aufgefordert, dem Dia eine kurze prägnante Überschrift zu geben. Der Therapeut kann bei diesem Schritt nochmals prüfen, inwieweit der Bildinhalt adäquat kognitiv erfaßt und verarbeitet wurde. Bei entsprechend komplexeren Bildern, die verschiedene Deutungsmöglichkeiten erlauben, werden vor der Titelgebung mehrere sinnvolle Deutungsmöglichkeiten gesammelt, und es wird angestrebt, daß alle Teilnehmer die meisten davon akzeptieren können. Das Für und Wider jeder Deutungsmöglichkeit muß dabei genau diskutiert und abgewogen werden. Gleichzeitig hat es sich für den Verständnisprozeß als hilfreich erwiesen, in der Gruppe die Frage zu stellen, welche zusätzlichen Informationen nötig wären, um den jeweiligen Deutungsinhalt präzisieren zu können. Der Therapeut verhält sich themenbezogen direktiv (nicht autoritär!) und stützend. Er arbeitet mit lerntheoretisch fundierten Methoden, wie Selbstverstärkung und -kontrolle, Modellernen und informativer Verstärkung. Damit wird zusätzlich auf eine positive Änderung des Selbstbildes und auf eine Stärkung von Selbstkontrollmechanismen geachtet.

Das IPT wurde während der letzten Jahre an mehreren hundert Patienten erprobt, teilweise in Form kontrollierter Therapiestudien. Für eine ausführliche Darstellung dieser Studien sei auf entsprechende Publikationen verwiesen [2, 10, 11, 15, 19]. Eine gezielte Weiterentwicklung des IPT wird derzeit durchgeführt [vgl. 17].

Zusätzlich erhalten die Patienten − neben dem IPT − Psycho-pharmakatherapie, stützende Gespräche, eine speziell auf das IPT abgestimmte Bewegungstherapie [13] und individuelle Verhaltens-therapie. Bei den meisten Patienten erscheint auch der Einbezug des Lebensumfeldes notwendig (z. B. Angehörigenarbeit [vgl. 8, 20]; systemische Familientherapie [vgl. 9].

Als besonders effizient hat sich die Verwirklichung der darge-stellten Therapieinterventionen auf einer kleinen und überschau-baren Abteilung für schizophrene Patienten erwiesen, die von einem interdisziplinären Team mit personeller Konstanz geleitet wird [15].

Obwohl die Effizienz der beschriebenen Therapiemöglichkeiten für jedes einzelne Verfahren unbestritten ist, muß die zukünftige Therapieforschung die gegenseitigen Wechselwirkungsbeziehungen zwischen den einzenen Verfahren erst noch genauer klären, um eine differentielle Indikationsstellung gezielter vornehmen zu können. Verhaltensanalysen und Einzelfallstudien dürften dabei zunächst die geeigneten Methoden darstellen.

Literatur

1. Brenner HD (1986) Zur Bedeutung von Basisstörungen für Behand-lung und Rehabilitation. In: Böker W, Brenner HD (Hrsg) Bewältigung der Schizophrenie. Hans Huber, Bern Stuttgart Toronto, S 142−157
2. Brenner HD, Hodel B, Kube G, Roder V (1987) Kognitive Therapie bei Schizophrenen: Problemanalyse und empirische Ergebnisse. Ner-venarzt 58: 72−83
3. Brenner HD, Stramke WG, Mewes J, Liese F, Seeger G (1980) Er-fahrungen mit einem spezifischen Therapieprogramm zum Training kognitiver und kommunikativer Fähigkeiten in der Rehabilitation chronisch schizophrener Patienten. Nervenarzt 51: 106−112
4. Ciompi L (1981) Wie können wir die Schizophrenen besser behandeln? Eine Synthese neuer Krankheits- und Therapiekonzepte. Nervenarzt 52: 500−515
5. Ciompi L (1984a) Modellvorstellungen zum Zusammenwirken bio-logischer und psychosozialer Faktoren in der Schizophrenie. Fortschr Neurol Psychiatr 52: 200−206

6. Ciompi L (1984 b) Zum Einfluß sozialer Faktoren auf den Langzeitverlauf der Schizophrenie. Schweiz Arch Neurol Psychiatr 135: 101−113

7. Falloon IRH, Liberman RP (1983) Interactions between drug and psychosocial therapy in schizophrenia. Schizophr Bull 9: 543−554

8. Fiedler P, Niedermeier T, Mundt Ch (1986) Gruppenarbeit mit Angehörigen schizophrener Patienten. PVU, München Weinheim

9. Guntern G (1984) Schizophrenie und Systemtherapie. Schweiz Arch Neurol Psychiatr 135: 51−71

10. Hermanutz M, Gestrich J (1987) Kognitives Training mit Schizophrenen. Nervenarzt 58: 91−96

11. Kraemer S, Sulz KHD, Schmid R, Lässle R (1987) Kognitive Therapie bei standardversorgten schizophrenen Patienten. Nervenarzt 58: 84−90

12. Möller H-J, Zerssen D von (1986) Der Verlauf schizophrener Psychosen. Springer, Berlin Heidelberg New York Tokyo

13. Mory B, Roder V (1989) Umsetzung des Integrierten Psychologischen Therapieprogramms (IPT) in der bewegungstherapeutischen Arbeit mit schizophrenen Patienten. Psycho 7: 18−23

14. Nuechterlein KH, Dawson ME (1984) A heuristic vulnerability/stress model of schizophrenic episodes. Schizophr Bull 10: 300−312

15. Roder V, Studer K, Brenner HD (1987) Erfahrungen mit einem integrierten psychologischen Therapieprogramm zum Training kommunikativer und kognitiver Fähigkeiten in der Rehabilitation schwer chronisch schizophrener Patienten. Schweiz Arch Neurol Psychiatr 138: 31−44

16. Roder V, Kienzle N, Mezger G, Posselt Ch (1989) Rehabilitation und Rückfallprophylaxe schizophrener Menschen aus einer systemisch-integrativen Betrachtungsweise. Psycho 7: 10−17

17. Roder V, Brenner HD, Kienzle N, Hodel B (1988) Integriertes Psychologisches Therapieprogramm (IPT) für schizophrene Patienten. PVU, München Weinheim

18. Roder V, Eckman TA, Brenner HD, Kienzle N, Liberman RP (1990) Behavior therapy. In: Herz MI, Ceith SJ, Docherty JP (eds) Handbook of schizophrenia, vol 4. Psychosocial treatment of schizophrenia. Elsevier Science Publishers, Amsterdam Cambridge Lancaster Shannon Paris, pp 107−134

19. Roder V, Kienzle N, Studer K (1988) Specific psychological therapy programs for treatment of cognitive and social disorders with individuals vulnerable to schizophrenia. Paper presented at the IV International Congress on Rehabilitation in Psychiatry, May 2−6, Oerebro, Sweden

20. Roder V, Kienzle N (1989) Angehörigenarbeit bei schizophrenen Menschen. Informationsvermittlung und Erfahrungsaustausch. Sozialpsychiatrische Informationen 19: 22−25
21. Roder V (1987) Verhaltenstherapie mit schizophrenen Menschen. Einleitungsreferat zur Tagung „Verhaltenstherapie und Schizophrenie". München/Haar, 22−23 Januar
22. Schubart C, Schwarz R, Krumm B, Biehl H (1986) Schizophrenie und soziale Anpassung. Springer, Berlin Heidelberg New York Tokyo
23. Spaulding W, Storms L, Goodrich V, Sullivan M (1986) Applications of experimental psychopathology in psychiatric rehabilitation. Schizophr Bull 12: 560−577
24. Wittchen H, Saß K, Zaudig M, Koehler K (1989) Diagnostisches und statistisches Manual psychischer Störungen DSM-III-R. Beltz, Weinheim Basel

Anschrift des Verfassers: Dr. V. Roder, Diplompsychologe, Psychiatrische Universitätsklinik, Bolligenstraße 111, CH-3072 Bern, Schweiz.

Versorgungskonzept schizophrener Patienten in Kärnten

T. Platz

Psychiatrische Abteilung, Landeskrankenhaus Klagenfurt, Österreich

Zusammenfassung

Das Versorgungs- und Rehabilitationskonzept chronisch schizophren Erkrankter wird vorgestellt:

In der intramuralen Frühphase der Rehabilitation wird dem Ausmaß der kognitiven Defizienzen durch ein differenziertes Stationssetting Rechnung getragen, durch abgestufte Trainingsprogramme. Auch die extramuralen Rehabilitationseinrichtungen sind als Netzwerk aufgebaut, um den jeweiligen Erfordernissen beeinträchtigter Patienten durch mehr sozial ausgerichtete oder stützende Maßnahmen gerecht zu werden.

Schlüsselwörter: Chronische Schizophrenie, Rehabilitationskonzept, kognitives Training, Stationsdifferenzierung.

Summary

Strategy for the care of schizophrenic patients in Carinthia. A strategy for the care and rehabilitation of chronic schizophrenic patients is presented.

In the early inpatient phase of rehabilitation differential training programmes are matched to the degree of cognitive deficiencies in an appropriate ward-setting. Community-based rehabilitation facilities are also designed as a network, permitting a flexible response to the individual requirements of impaired patients through appropriate social or supportive measures.

Keywords: Chronic schizophrenia, strategies of rehabilitation, cognitive training, ward differentiation.

Einleitung

Ziel der Versorgung psychisch Kranker und Behinderter ist die bessere Nutzung des vorhandenen Potentials bei möglichst weitgehender Reintegration der Patienten in die Gesellschaft.

Psychisch Kranken und Behinderten muß die Befriedigung menschlicher Grundbedürfnisse ermöglicht werden. Gleichstellung von psychisch Kranken und Behinderten mit somatisch Kranken ist das Ziel. Dabei stützt sich das Konzept der psychiatrischen Versorgung weitgehend auf sozialpsychiatrische Erkenntnisse. Die Prinzipien der Sozialpsychiatrie sind 1958 von der WHO umschrieben worden als die Gesamtheit präventiver und therapeutischer Maßnahmen, die es einem Individuum ermöglichen sollen, ein befriedigendes und nützliches Leben innerhalb einer solchen spezifischen Praxis zu führen; unter anderem werden genannt:

Schwerpunktverlagerung zu ambulanten und halbambulanten Behandlung, zur aktiven Rehabilitation, zur Frühaktivierung, zur Vernetzung psychiatrischer Dienste und zur Behandlungskontinuität, zur Teamarbeit und Selbstverwaltung in gemeindenahen Institutionen.

Bei der Bewältigung psychischer Erkrankungen müssen drei Ebenen differenziert werden:

1. die institutionelle Ebene, das System der psychiatrischen Versorgung sowie Finanzierungs- und Rechtsgrundlagen;

2. die etablierten und zu etablierenden Professionen, die mit diesem Bereich befaßt werden;

3. die theoretische Konzeption, die diese Praxis bestimmt, etwa das Verständnis von psychischer Krankheit, psychiatrische Epidemiologie, Interventions- und Therapiemethoden, kurative und präventive Orientierung etc., ist von maßgebender Bedeutung für die Organisation der Bewältigungsstrategien psychischen Leidens.

Die qualitative Ausstattung psychiatrischer Versorgungsdienste richtet sich nach dem Verständnis von psychischer Krankheit, d. h. nach den Gesetzmäßigkeiten der Entstehung und des Verlaufes, aus denen sich die diagnostischen und therapeutischen Maßnahmen ableiten lassen.

Für die quantitative Ausstattung psychiatrischer Versorgungsdienste sind die Ergebnisse epidemiologischer Untersuchungen wertvoll.

Zum Krankheitsbegriff der chronischen Schizophrenie

Etwa bei einem Drittel der Patienten mit Schizophrenie bleibt ein Residualzustand mittlerer bis schwerer Ausprägung bestehen. Dieser ist charakterisiert durch eine dynamische Insuffizienz, durch eine Reduktion des gesamtseelischen Energieniveaus, verbunden mit dysthym-coenästhetischen Symptomen, kognitiven Störungen und Erschöpfbarkeit.

Aufgrund ihres Beschwerdebildes erfahren diese Menschen eine zunehmende gesellschaftliche Isolierung und sind nicht mehr oder nur schwer in der Lage, auf den Ebenen der Arbeit, des selbständigen Wohnens und der Beziehungen zurechtzukommen.

Reicht diese phänomenologische Betrachtungsweise des schizophrenen Residualzustandes für die Konzipierung von Rehabilitations- und Versorgungseinrichtungen aus?

Das Konzept kognitiver Basisstörungen hat uns sicherlich dem Verständnis der Entstehung dieser Erkrankung und des klinischen Sichtbildes nähergebracht [2]. Genetische Dispositionen als Einflußgröße auf die Transmitterchemie und auf die Neurophysiologie

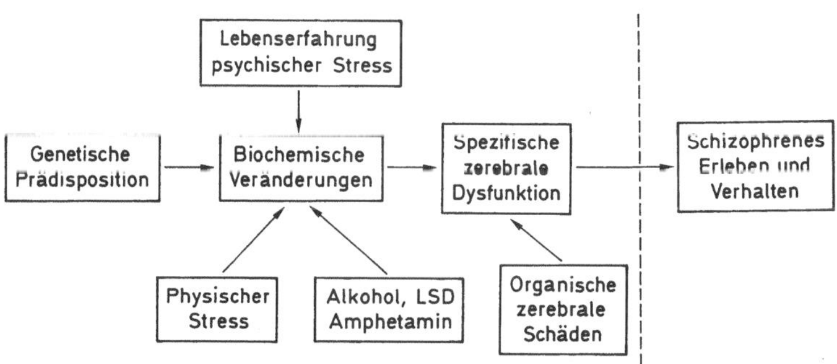

Abb. 1. Bedingungsgefüge einer multifaktoriellen Genese der Schizophrenie (nach Scharfetter)

des limbischen Systems führen zum Verlust der Gewohnheitshierarchien, zur kognitiven Grundstörung.

Die daraus resultierenden Filter- und Dekodierungsstörungen
führen zur Reizüberflutung, zur Unfähigkeit, die Aufmerksamkeit
zu fokussieren, was in den klinisch faßbaren uncharakteristischen
Basisstörungen im Sinne des Verlustes der Leitbarkeit der Denkvorgänge resultiert. Durch psychoreaktive Vermittlung, durch die
Amalgamierung mit Abwehr- und Bewältigungsmechanismen erscheint schließlich das schizophrenietypische klinische Sichtbild der
End- und Überbauphänomene mit Denkstörungen, Wahrnehmungsstörungen, Leibgefühlsstörungen; in der Chronifizierung
schließlich zu emotionalem und sozialem Rückzug.

Im Bedingungsgefüge einer multifaktoriellen Genese der Schizophrenie sind auch physischer und psychischer Streß, Life events,
exogene Noxen, wie z. B. Drogenkonsum und organische zerebrale
Schäden, miteinzubeziehen (Abb. 1).

Als Resultante kann man eine prämorbide Verletzlichkeit, eine
Vulnerabilität annehmen mit spärlicher Autonomie, begrenzter In-
formationsverarbeitungskapazität und Ichschwäche. Diese Vulnerabilität führt, wie im Schizophreniemodell nach Ciompi [1]
dargestellt ist, bei familiärer bzw. persönlicher Belastung, im Rahmen von Lebensphasen bzw. Life events zur akut psychotischen
Dekompensation, welche in einem Drittel der Fälle in einen chronischen Residualzustand einmündet.

Kriterien einer differentiellen Rehabilitation
chronisch Schizophrener

Eine praktikable Synopsis für die Konzipierung von Rehabilitationsstationen bzw. extramuraler Rehabilitationseinrichtungen erscheint das folgende 3-Ebenen-Modell mit den relevanten Einfluß-
größen darzustellen (Abb. 2).

Ohne den Anspruch, diese drei Ebenen operationalisieren zu
können, kann der erfahrene Kliniker vielleicht genügend Information darüber gewinnen, welche therapeutische Maßnahmen ziel-
führend sein werden:

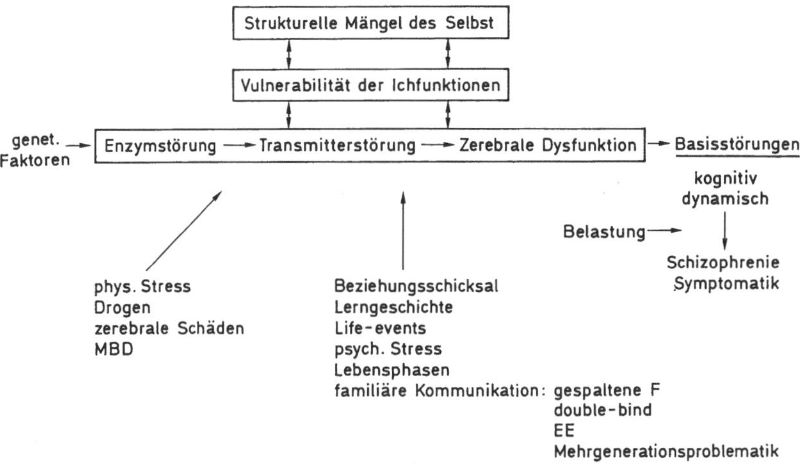

Abb. 2. Mehrschicht-Modell schizophrener Erkrankung

1. Strukturelle Mängel des Selbst: Aus der Beziehung zum Patienten wird spürbar, inwieweit dieser in der Lage ist, soziale Unterstützung anzunehmen. Ablehnung von Therapeuten, Fixierung auf Wahninhalte sind Schutzmechanismen vor Verlust der Selbstachtung und können erst aufgegeben werden, wenn genügend lange Zuwendung und Support erfolgen, so daß der Patient daraus einen Zuwachs von Selbstwert gewinnt.

2. Die Vulnerabilität der Ichfunktionen spiegelt sich in der Art und Ausdauer der pathologischen Abwehr- und Bewältigungsmechanismen wider. Psychotherapeutisches Vorgehen beinhaltet hier weniger Konfrontation und direktes Einflußnehmen auf solch oft bizarre Verhaltensweisen, sondern in einem Bestehenlassen dieser Mechanismen. Oft sind diese pathologischen Verhaltensweisen Symbole für tiefe Bedürfnisse und Hinweise auf durchgemachte Verletzungen. Hier werden große Anforderungen an die Intuition und Einfühlsamkeit des Therapeuten gestellt, um das zu erspüren, was z. B. hinter einem Wahn oder einer Ablehnung eigentlich gemeint ist.

3. Die Ebenen des Substrates, Transmitterstörungen und zerebrale Dysfunktion: Aus der Psychopathologie unter Einbeziehung testpsychologischer Ergebnisse, insbesondere zur Erfassung von Basisstörungen; durch die Berücksichtigung der prämorbiden Persönlichkeit, der Lebensphase und der Art der familiären Kommunikation, weiters auch aus der Dauer der Erkrankungen kann rückgeschlossen werden, inwieweit sich ein Residualsyndrom in das Substrat eingeschliffen hat. Spätestens nach den ersten Therapie- und Rehabilitationsversuchen ist zu ermessen, auf welcher Ebene der Patient Förderung benötigt und welche Therapieschritte greifen können. Wir haben deshalb an der Psychiatrie Klagenfurt (Abb. 3) drei Rehabilitationsstationen mit differenzierten Therapieangeboten eingerichtet. Patienten, bei denen eine relativ geringe zerebrale Dysfunktion, d. h. eine relativ geringe Substratfixierung der Psychopathologie, gegeben scheint, werden an der Rehabilitationsstation 1 an der Psychiatrischen Abteilung betreut. Auf dieser Station wird eine Gruppentherapie angeboten, die vornehmlich auf das Training sozialer Fertigkeiten, dem Selbstwertzuwachs und der Erhöhung der Flexibilität von Abwehr- und Bewältigungsmechanismen abzielt. Als extramurale Rehabilitationseinrichtung stehen hier eine Tagesstätte mit Beschäftigungstherapie, Sozialtherapie, Arbeitstherapie mit der Möglichkeit der Arbeitserprobung zur Verfügung. Weiters ist die Aufnahme in ein Übergangswohnheim möglich bzw. die Eingliederung in das Arbeitstrainingszentrum.

Patienten, bei denen die Gewohnheitshierarchien weitgehend zusammengebrochen sind, bei denen relativ einfache Handlungsschritte für die Bewältigung des Alltags trainiert werden müssen, sind auf den Rehabilitationsstationen 2 und 3 der Heil- und Pflegeanstalt untergebracht. Hier setzen besonders die kognitiven Trainings ein, die dann stufenweise gemäß dem integrativen psychologischen Therapieprogramm für chronisch Schizophrene auf affektive und soziale Bereiche ausgedehnt werden.

Auch für diese Patienten ist der gestufte Einsatz in der Stationsbeschäftigungstherapie, in der zentralen Ergotherapie und dann in der Arbeitstherapie in den Werkstätten des LKH vorgesehen. Auf der Wohnebene haben wir eine Therapiewohnung eingerichtet, wo

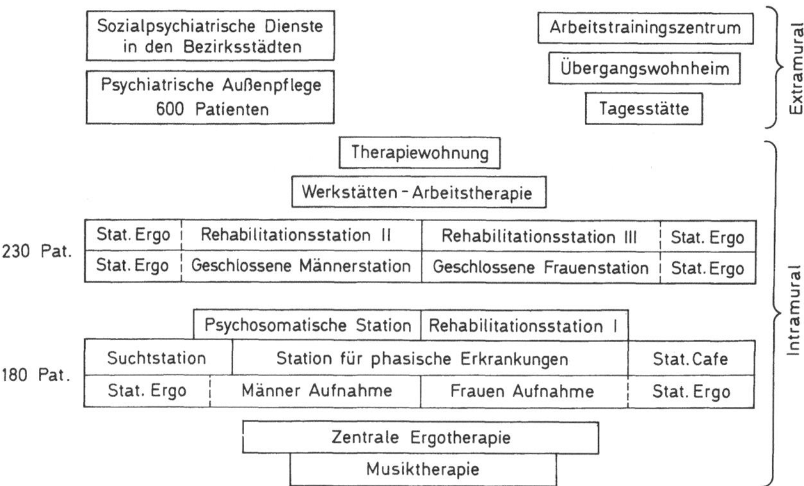

Abb. 3. Psychiatrische Versorgung in Kärnten

die Patienten schon relativ selbständig ihren Alltag bewältigen, durch die Integration noch innerhalb des Krankenhauses, und durch die Abrufbarkeit von pflegerischer sowie ärztlicher Hilfe jederzeit ein geschützter Rahmen gegeben ist. Extramural steht für diese Patienten auch die Tagesstätte zur Verfügung mit der Möglichkeit der Arbeitserprobung. Über einen privaten Verein werden für diese Patienten Wohnungen angemietet und hergerichtet, die dann mehr oder weniger locker betreutes Wohnen ermöglichen.

Bleiben alle die vorerwähnten Maßnahmen und Möglichkeiten ohne Erfolg, ist die Überbringung in die sogenannte psychiatrische Außenpflege des Landes Kärnten vorgesehen. Die Außenpflegestellen haben eine sehr unterschiedliche Struktur; sie reicht von Familienpflege über heimartige Strukturen bis hin zu ausgesprochen psychiatrischen Pflegeheimen. Hier stehen vielfältige Unterbringungsmöglichkeiten zur Verfügung. Jede einzelne, es sind insgesamt 20, hat eine unterschiedliche Atmosphäre, Ausstattung und verschiedene Beschäftigungsmöglichkeiten. Durch genaue Kenntnis dieser Strukturen ist es möglich, die jeweils optimal passende für den Patienten auszusuchen und eine Unterbringung zu gewährleisten. Diese Außenpflegestellen werden von vier Ärzteteams,

Psychiatrie-Schwestern und Pflegern sowie Sozialarbeitern besucht und betreut. Die Wiederaufnahme in das Psychiatrische Krankenhaus, wenn neuerliche Rehablitationsversuche opportun erscheinen, ist jederzeit möglich.

Durch die Anstrengungen in den letzten Jahren war es möglich, in Kärnten eine große Palette von Rehabilitationseinrichtungen und Versorgungsstätten aufzubauen bzw. zu modifizieren, um eine dem jeweiligen Zustandsbild und der Prognose des Patienten gerechte sozialpsychiatrische Versorgung anzubieten.

Literatur

1. Compi L (1984) Modellvorstellungen zum Zusammenwirken sozialer Faktoren in der Schizophrenie. Fortschr Neurol Psychiatr 1952: 202 – 206
2. Huber G (1983) Das Konzept substratnaher Basissymptome und seine Bedeutung für die Therapie schizophrener Erkrankungen. Nervenarzt 54: 23 – 32

Anschrift des Verfassers: Prim. Dr. T. Platz, Psychiatrische Abteilung, Landeskrankenhaus Klagenfurt, St. Veiter Straße 47, A-9020 Klagenfurt, Österreich.